U0247826

城市公共设施造价指标案例

（综合管廊工程）

住房和城乡建设部标准定额研究所
上海市政工程设计研究总院（集团）有限公司 主编

中国计划出版社

2019 北　京

图书在版编目（CIP）数据

城市公共设施造价指标案例. 综合管廊工程 / 住房
和城乡建设部标准定额研究所，上海市政工程设计研究总
院（集团）有限公司主编. -- 北京 ：中国计划出版社，
2019.4
　　ISBN 978-7-5182-1013-8

　　Ⅰ. ①城… Ⅱ. ①住… ②上… Ⅲ. ①市政工程—地
下管道—工程造价—案例—中国 Ⅳ. ①TU723.34

　　中国版本图书馆CIP数据核字(2019)第045523号

城市公共设施造价指标案例（综合管廊工程）

住房和城乡建设部标准定额研究所
上海市政工程设计研究总院（集团）有限公司　主编

中国计划出版社出版发行
网址：www.jhpress.com
地址：北京市西城区木樨地北里甲11号国宏大厦C座3层
邮政编码：100038　电话：（010）63906433（发行部）
北京天宇星印刷厂印刷

787mm×1092mm　1/16　6.75印张　160千字
2019年4月第1版　2019年4月第1次印刷
印数 1—3000 册

ISBN 978-7-5182-1013-8
定价：40.00元

编 制 说 明

一、本案例以全国各地综合管廊项目实例为基础，基于初步设计阶段，对有关技术经济指标进行汇总、归纳、总结。

二、本案例根据新建综合管廊实例，汇总统计出技术指标和经济指标，技术指标客观反映工程本体的技术水平、技术含量。主要分析对象是"混凝土""钢筋""土方"等对投资影响大的内容。经济指标根据综合管廊的工程特点以万元/km为单位，统计出各个项目类别的长度指标，以及综合管廊本身的工程费用指标，反映其自身的造价水平。

三、本案例的编制分为3个步骤，分别是工程信息的描述、工程项目的分类和工程项目的指标汇集。工程信息的描述包括工程名称、建设地点、价格取定日期、管廊总长度、标准断面形式、覆土深度、开挖形式、地基处理方式、降水形式、基坑围护方式、设备及安装工程配置情况等。工程项目的分类分为土建工程、安装工程、设备工程三个大类，其中土建工程又根据不同项目的设计标准，基于项目自身特点进行拆分，安装工程和设备工程根据专业进行划分，分别是电气工程、仪表及自控工程、排水及消防工程及暖通工程等。工程项目的指标汇集是通过对各项经济数据分析，形成工程经济指标。由于全国各地计价程序不尽相同，本次指标中部分土建项目费用分析基于直接费，将人工费、材料费、机械费、管理费、利润进行拆分，分析各自比例。

四、本案例参加编制人员：胡传海、胡晓丽、刘大同、陆勇雄、郑永鹏、王梅、王非宇、朱冰、肖菊仙、韦展、柳洋、杨旻

审核人员：安晓晶、郭艳红、张雨、张俊、陈海燕、徐金妹、张毅忠

目　录

一、云南省××市

1. 工程概况及项目特征（见表1-1）

表1-1　工程概况及项目特征

项目名称	内 容 说 明			
工程名称	××路综合管廊工程			
建设地点	云南省××市			
价格取定日期	2016年6月材料信息价			
管廊总长度	3938m			
标准断面布置形式	缆线舱、单舱			
建设地点类型	老城区结合道路改建实施			
入廊管线	给水、电力、通信			
管廊类型	现浇钢筋混凝土综合管廊			
断面结构尺寸	净宽×净高	底板厚	外壁厚	顶板厚
	2.0m×1.5m	250mm	250mm	250mm
	2.5m×2.4m	300mm	300mm	300mm
支架形式	复合材料型电缆支架			
覆土深度	缆线型管廊0.2m、综合舱单舱2.5m			
开挖形式	放坡开挖			
地基处理	地基承载力满足要求不另行处理，局部软弱地基采取换填处理			
降水形式	基坑明排水			
基坑围护方式	缆线型管廊放坡开挖，单舱管廊利用下部箱涵基坑，不另行设计			
管线引出形式	套管引出排管，过路排管采用混凝土包封或钢套管			

2. 设备配置及安装工程（见表1-2）

表1-2 设备配置及安装工程

项目名称	内容说明
仪表及自控工程	含现场控制系统、检测仪表、安保系统、数字光纤电话系统、火灾报警及联动控制系统、配套软件及电缆等安装工程
消防、排水工程	超细干粉自动灭火装置、手提式磷酸铵盐干粉灭火器、防毒面具、潜水排污泵及附属安装工程
暖通工程	混流风机、换气扇、电动防火阀及附属安装工程
电气工程	控制中心不包含在本工程设计范围，单舱综合管廊进行供电设计，4套低压配电系统

3. 工程经济指标（见表1-3）

表1-3 工程经济指标

序号	项目名称	造价（万元）	长度指标（万元/km）	占总造价比例（%）
一	土建工程	4907.78	1246.26	86.15
1	管廊主体结构	2939.37	746.41	51.60
1.1	标准段	2475.29	628.57	43.45
1.2	特殊段	464.08	117.85	8.15
2	排管工程	1198.15	304.25	21.03
3	管廊支架	590.65	149.99	10.37
4	电缆井等其他零星	179.62	45.61	3.15
二	安装工程	422.60	107.31	7.42
1	电气工程	191.24	48.56	3.36
2	仪表及自控	146.98	37.32	2.58
3	消防及排水	73.84	18.75	1.30
4	暖通工程	10.54	2.68	0.19

续表1-3

序号	项目名称	造价（万元）	长度指标（万元/km）	占总造价比例（%）
三	设备工程	366.10	92.97	6.43
1	电气工程	23.52	5.97	0.41
2	仪表及自控	110.65	28.10	1.94
3	消防及排水	221.76	56.31	3.89
4	暖通工程	6.55	1.66	0.11
5	工器具购置	3.62	0.92	0.06
四	工程费用合计	5696.49	1446.54	100.00

4. 部分土建项目费用分析（见表1-4）

表1-4　部分土建项目费用分析

序号	项目名称	造价（万元）	直接费比例（%）				
			人工费	材料费	机械费	管理费	利润
1	标准段（缆线型）	1826.08	18.56	63.84	7.77	6.40	3.43
2	标准段（单舱型）	649.21	17.86	69.16	3.44	6.21	3.33
3	通风口	89.29	14.23	76.02	2.57	4.67	2.51
4	端部井	34.24	13.28	78.23	2.18	4.11	2.20
5	吊装口	100.49	15.24	74.21	3.01	4.91	2.63
6	引出口（一）	147.20	15.45	74.33	2.88	4.78	2.56
7	引出口（二）	92.86	12.07	79.86	2.08	3.90	2.09
8	电缆工作井	101.17	10.71	81.57	2.50	3.40	1.82
9	电缆检查井	78.45	21.96	61.46	6.75	6.40	3.43

注：各项目造价包含措施费、规费、税金及其他项目。

5. 部分主要材料消耗量指标（见表1-5）

表1-5 部分主要材料消耗量指标

序号	项 目 名 称	单位	消耗量	百米消耗量	单价（元）
1	热轧圆钢φ10以内	t	364.06	9.24	2786.32
2	螺纹钢φ10以上	t	1479.64	37.57	2777.78
3	其他钢材	t	49.85	1.27	2658.12
4	预拌混凝土 C30	m³	11094.31	281.72	281.55
5	预拌混凝土 C20	m³	1736.40	44.09	300.97
6	橡胶止水带	m	5889.09	149.55	49.57
7	模板木模板	m²	983.82	24.98	1400.00
8	预分支电缆ZB-YJV-1kV 3×150+2×70	m	1000.00	25.39	485.00
9	预分支电缆ZBNH-YJV-1kV 4×35+1×16	m	1000.00	25.39	140.00
10	预分支电缆ZB-YJV-1kV 3×50+2×25	m	400.00	10.16	180.00
11	预分支电缆ZBNH-YJV-1kV 3×10	m	400.00	10.16	25.00
12	电力电缆ZB-YJV-1kV 5×10	m	1000.00	25.39	50.00
13	电力电缆ZB-YJV-1kV 4×4	m	1000.00	25.39	20.00
14	电力电缆ZB-YJV-1kV 3×4	m	1200.00	30.47	15.00
15	电力电缆ZBN-YJV-1kV 3×4	m	40.00	1.02	18.00
16	电力电缆ZBN-YJV-1kV 4×4	m	1200.00	30.47	20.00
17	控制电缆ZBNH-KVV-450/750V 4×1.5	m	1000.00	25.39	10.00
18	控制电缆ZB-KVV-450/750V 5×1.5	m	1000.00	25.39	12.00
19	接地干线 热镀锌扁钢 −40×6	m	2000.00	50.79	5.00
20	轻质高强度托盘式电缆桥架	m	1000.00	25.39	500.00
21	手动闸阀 DN80，PN1.0MPa	只	80.00	2.03	650.00
22	止回阀 DN80，PN1.0MPa	只	80.00	2.03	700.00
23	柔性防水套管 DN80，L=300	只	80.00	2.03	200.00
24	镀锌钢管 DN80	m	4800.00	121.89	40.00
25	镀锌钢板 厚度0.75mm	m²	100.00	2.54	200.00
26	建筑人工	工日	60661.63	1540.42	73.46
27	安装人工	工日	8628.95	219.12	73.46

二、山东省××市高新区

1．工程概况及项目特征（见表2-1）

表2-1　工程概况及项目特征

项目名称	内　容　说　明			
工程名称	××综合管廊工程			
建设地点	山东省××市			
价格取定日期	2016年3月材料信息价			
管廊总长度	4800m			
标准断面布置形式	双舱			
建设地点类型	结合DN3000污水管道同沟槽施工			
入廊管线	给水、电力、通信、热力、中水			
管廊类型	现浇钢筋混凝土综合管廊			
断面结构尺寸	净宽×净高	底板厚	外壁厚	顶板厚
	（4.6+2.6）m×4.5m	400mm	400mm	400mm
支架形式	镀锌钢支架			
覆土深度	约3.00m			
开挖形式	放坡开挖			
地基处理	地基承载力满足要求不另行处理			
降水形式	基坑明排水			
基坑围护方式	基坑放坡			
管线引出形式	套管引出排管，过路排管采用混凝土包封或钢套管			

2. 设备配置及安装工程（见表2-2）

表2-1　设备配置及安装工程

项目名称	内 容 说 明
仪表及自控工程	监控中心控制系统、管廊内环境与附属设备监控系统、安防系统、光纤电话系统、无线对讲系统、控制中心预警与报警系统、管廊内预警与报警系统、配套软件及电缆等安装工程
消防、排水工程	热气溶胶自控灭火装置、手提式磷酸铵盐干粉灭火器、防毒面具、潜水排污泵及附属安装工程
暖通工程	排风机、换气扇、分体式空调、电动防火阀及附属安装工程
电气工程	控制中心10kV高压柜、直流屏、变压器、交流屏、EPS电源、低压开关柜及附属安装工程，综合管廊内埋地式变压器、低压配电柜、应急电源机附属安装工程

3. 工程经济指标（见表2-3）

表2-3　工程经济指标

序号	项目名称	造价（万元）	长度指标（万元/km）	占总造价比例（%）
一	土建工程	25710.61	5356.38	77.11
1	管廊主体结构	23346.61	4863.88	70.02
1.1	标准段	11420.21	2379.21	27.88
1.2	特殊段	11926.40	2484.67	29.12
2	控制中心	600.00	125.00	1.80
3	排管工程	1764.00	367.50	5.29
二	安装工程	3562.95	742.28	10.69
1	电气工程	931.48	194.06	2.79
2	仪表及自控	1221.39	254.46	3.66
3	消防及排水	152.37	31.74	0.46
4	暖通工程	57.71	12.02	0.17
5	管廊支架	1200.00	250.00	3.60

续表 2-3

序号	项目名称	造价（万元）	长度指标 （万元/km）	占总造价 比例（%）
三	设备工程	4067.21	847.34	12.20
1	电气工程	749.60	156.17	2.25
2	仪表及自控	1647.72	343.28	4.94
3	消防及排水	1523.57	317.41	4.57
4	暖通工程	106.05	22.09	0.32
5	工器具购置	40.27	8.39	0.12
四	工程费用合计	33340.77	6945.99	100.00

4. 部分土建项目费用分析（见表 2-4）

表 2-4 部分土建项目费用分析

序号	项目名称	造价 （万元）	直接费比例（%）				
			人工费	材料费	机械费	管理费	利润
1	标准段	11420.21	24.70	49.43	15.84	6.41	3.62
2	端部井	137.64	25.32	50.43	14.42	6.29	3.54
3	通风口	3758.88	20.61	63.08	8.99	4.68	2.64
4	引出口	2964.57	21.61	59.32	11.01	5.15	2.91
5	吊装口	1704.6	21.60	56.50	13.27	5.52	3.11
6	分变电所	235.83	20.26	64.51	8.19	4.51	2.53
7	交叉口 a	929.1	25.14	48.68	16.00	6.51	3.67
8	交叉口 b	999.24	23.86	49.12	16.93	6.45	3.64
9	倒虹段	1049.06	26.92	50.81	12.51	6.24	3.52
10	控制中心连接段	147.48	23.94	56.57	10.87	5.51	3.11

注：各项目造价包含措施费、规费、税金及其他项目。

5. 部分主要材料消耗量指标（见表 2-5）

表 2-5 部分主要材料消耗量指标

序号	项 目 名 称	单位	消耗量	百米消耗量	单价（元）
1	钢筋 φ10 以内	t	5609.22	116.86	2990.00
2	钢筋 φ10 以上	t	8540.56	177.93	2800.00
3	其他钢材	t	337.75	7.04	2780.00
4	预拌混凝土 C30	m³	74147.57	1544.74	350.00
5	预拌混凝土 C25	m³	8568.07	178.50	335.00
6	水泥 32.5MPa	m	9477.85	197.46	285.00
7	黄砂	m³	13367.09	278.48	110.00
8	橡胶止水带	m	13784.61	287.18	45.64
9	竹胶板	m²	92104.88	1918.85	27.00
10	模板材	m²	1928.73	40.18	2100.00
11	手动闸阀 DN80，PN1.0MPa	只	276.00	5.75	650.00
12	止回阀 DN80，PN1.0MPa	只	276.00	5.75	700.00
13	柔性防水套管 DN80，L=300	只	138.00	2.88	300.00
14	镀锌钢管 DN80	m	5600.00	116.67	50.00
15	控制屏蔽电缆 ZC-DJYVP 2×2×1.0	m	1251.00	26.06	9.00
16	控制屏蔽电缆 ZC-DJYVP 3×2×1.0	m	1156.00	24.08	12.00
17	控制屏蔽电缆 ZC-KVVP 3×1.0	m	5078.00	105.79	5.00
18	控制屏蔽电缆 ZC-KVVP 5×1.0	m	13927.00	290.15	7.00
19	控制屏蔽电缆 ZC-KVVP 5×1.5	m	46934.00	977.79	10.00
20	电力电缆 ZC-VV-3×1.5	m	2312.00	48.17	6.00
21	通信电缆 MODBUS 电缆	m	17641.00	367.52	15.00
22	通信光纤 单模光纤 6 芯	m	35115.00	731.56	10.00
23	电话连接电缆 HVVP 2×1.0/1.1	m	12911.00	268.98	5.00
24	电源电缆 ZC-KVVP 4×1.5	m	2701.00	56.27	8.00
25	广播线 BTTZ-750V	m	12911.00	268.98	5.00
26	金属封闭型线槽 W150mm×H100mm	m	9724.00	202.58	150.00
27	综合工日	工日	743812.72	15496.10	76.00

三、浙江省××市新区

1. 工程概况及项目特征（见表3-1）

表3-1　工程概况及项目特征

项目名称	内 容 说 明			
工程名称	××综合管廊工程			
建设地点	浙江省××市			
价格取定日期	2017年8月材料信息价			
管廊总长度	4705m			
标准断面布置形式	单舱+双舱+三舱，结合顶管及矩形顶推施工			
建设地点类型	结合新建道路工程实施			
入廊管线	给水、电力、通信、天然气、污水（示范段）			
管廊类型	现浇钢筋混凝土综合管廊+预制拼装综合管廊			
断面结构尺寸	净宽×净高	底板厚	外壁厚	顶板厚
	φ3.5m顶管	350mm	350mm	350mm
	(2.5+2.5)m×3.1m	400mm	350mm	350mm
	2.5m×3.1m	400mm	350mm	350mm
	(2.3+2.5+2.8)m×3.1m	400mm	350mm	350mm
	2.5m×2.5m矩形顶推	400mm	350mm	350mm
	(1.7+2.8+1.6)m×3.1m	400mm	350mm	350mm
	2.8m×3.1m	400mm	350mm	350mm
支架形式	镀锌钢支架			
覆土深度	约3.00m			
开挖形式	支撑下开挖			
地基处理	φ500单轴压气搅拌桩加固，采用裙边+抽条+梅花型布置			
降水形式	基坑明排水			
基坑围护方式	PC工法桩+拉森钢板桩			
管线引出形式	引出段预留1m接口			

2. 设备配置及安装工程（见表3-2）

表3-2　设备配置及安装工程

项目名称	内 容 说 明
仪表及自控工程	监控系统、检测仪表、安保系统、通信系统、综合布线系统等
消防、排水工程	火灾自控报警系统、光纤感温监测系统、防火门监控系统、可燃气体报警系统、超细干粉等消防设备，集水坑抽排水及监控中心排水系统
暖通工程	排风机、换气扇、分体式空调、电动防火阀及附属安装工程
电气工程	控制中心10kV高压柜、直流馈电屏、干式变压器、交流屏、不间断电源、低压开关柜及附属安装工程，综合管廊内埋地式变压器、低压配电柜、应急电源机附属安装工程

3. 工程经济指标（见表3-3）

表3-3　工程经济指标

序号	项目名称	造价（万元）	长度指标（万元/km）	占总造价比例（%）
一	土建工程	31448.92	6684.15	77.83
1	管廊主体结构	23515.56	4997.99	58.19
2	控制中心	1440.64	306.19	3.57
3	顶管工程	2309.32	490.82	5.71
4	顶管井工程	252.40	53.65	0.62
5	矩形顶推工程	1431.00	304.14	3.54
6	预制拼装工程	2500.00	531.35	6.19
二	安装工程	5728.30	1217.49	14.18
1	电气工程	1699.12	361.13	4.20
2	仪表及自控	548.71	116.62	1.36
3	消防及排水	887.96	188.73	2.20
4	暖通工程	51.69	10.99	0.13
5	管廊支架	1448.20	307.80	3.58

续表3-3

序号	项目名称	造价（万元）	长度指标（万元/km）	占总造价比例（%）
6	标识系统	14.19	3.02	0.04
7	可视化巡视检测系统	35.29	7.50	0.09
8	入廊给水及污水管	1019.61	216.71	2.52
9	在线健康监测系统	23.53	5.00	0.06
三	设备工程	3232.10	686.95	8.00
1	电气工程	715.90	152.16	1.77
2	仪表及自控	673.18	143.08	1.67
3	消防及排水	901.06	191.51	2.23
4	暖通工程	145.39	30.90	0.36
5	可视化巡视检测系统	317.59	67.50	0.79
6	BIM+GIS系统	235.25	50.00	0.58
7	在线健康监测系统	211.73	45.00	0.52
8	工器具购置	32.00	6.80	0.08
四	工程费用合计	40409.32	8588.59	100.00

4. 部分土建项目费用分析（见表3-4）

表3-4　部分土建项目费用分析

序号	项目名称	造价（万元）	直接费比例（%）				备注
			人工费	材料费	机械费	综合费用	
1	综合管廊本体	23515.56	11.32	74.63	8.34	5.71	含土方、地基处理、围护
2	顶管工程	2309.32	10.01	75.60	8.98	5.41	—
3	矩形顶推井	252.40	15.60	76.53	2.80	5.07	—

注：各项目造价包含措施费、规费、税金及其他项目。

5. 部分主要材料消耗量指标（见表3-5）

表3-5　部分主要材料消耗量指标

序号	项目名称	单位	消耗量	百米消耗量	单价（元）
1	圆钢（综合）	t	143.71	3.05	3717.00
2	螺纹钢（综合）	t	8967.30	190.59	3856.00
3	其他钢材	t	224.18	4.76	3666.00
4	预拌混凝土 C35	m³	49827.00	1059.02	408.00
5	预拌混凝土 C25	m³	3063.12	65.10	335.00
6	预拌混凝土 C20	m³	15497.36	329.38	320.00
7	水泥 42.5MPa	t	15660.68	332.85	332.00
8	水泥 32.5MPa	t	12481.81	265.29	287.00
9	黄砂（净砂）	t	1277.51	27.15	88.69
10	黄砂（毛砂）	t	1308.38	27.81	80.81
11	碎石（综合）	t	1495.44	31.78	63.17
12	钢边橡胶止水带	m	3170.27	67.38	100.00
13	镀锌钢板止水带	m	7782.60	165.41	80.00
14	背贴式橡胶止水带	m	3424.79	72.79	95.00
15	木模板	m²	441.01	9.37	1735.00
16	钢模板	kg	95318.39	2025.90	3.68
17	铜芯电力电缆 ZB-YJV-10kV 3×95	m	26785.20	569.29	177.35
18	铜芯电力电缆 ZB-YJV-1kV 5×10	m	13089.60	278.21	36.85
19	铜芯电力电缆 FZ-ZB-YJV-1kV 3×120+2×70	m	6363.00	135.24	241.86
20	铜芯电力电缆 FZ-ZB-YJV-1kV 3×70+2×50	m	9393.00	199.64	137.16
21	铜芯电力电缆 ZB-YJV-1kV 5×6	m	14140.00	300.53	16.68
22	控制电缆 ZB-KVV-450/750V 7×1.5	m	39463.20	838.75	5.73
23	一类人工	工日	2817.81	59.89	72.00
24	二类人工	工日	351556.21	7471.97	85.00
25	三类人工	工日	3592.72	76.36	94.00

四、河北省××市

1. 工程概况及项目特征（见表4-1）

表4-1　工程概况及项目特征

项目名称	内　容　说　明			
工程名称	××综合管廊工程			
建设地点	河北省××市			
价格取定日期	2017年8月材料信息价			
管廊总长度	2350m			
标准断面布置形式	两舱、三舱			
建设地点类型	结合新建道路工程实施，作为上部道路的子项目			
入廊管线	给水、电力、通信、天然气、中水			
管廊类型	现浇钢筋混凝土综合管廊			
断面结构尺寸	净宽×净高	底板厚	外壁厚	顶板厚
	（1.8+3.8）m×3.80m	350mm	350mm	350mm
	（3.8+2.2+1.8）m×3.80m	400mm	350mm	350mm
	（2.6+3.65）m×3.82m	350mm	350mm	350mm
支架形式	镀锌钢支架			
覆土深度	约2.50m			
开挖形式	放坡开挖结合支护下开挖			
地基处理	地基承载力满足要求不另行处理			
降水形式	基坑明排水			
基坑围护方式	土钉墙护坡，森钢板桩围护，钻孔灌注桩+水泥搅拌桩围护			
管线引出形式	套管引出排管，过路排管采用混凝土包封或钢套管			

2. 设备配置及安装工程（见表4-2）

表4-2　设备配置及安装工程

项目名称	内　容　说　明
仪表及自控工程	监控系统、检测仪表、安保系统、通信系统、综合布线系统等
消防、排水工程	超细干粉自动灭火系统，配置普通灭火器，潜水排污泵、阀门及排水管道
暖通工程	排风机、电动防火阀及附属安装工程
电气工程	综合管廊内埋地式变压器、低压配电柜、照明系统、应急电源及附属安装工程

3. 工程经济指标（见表4-3）

表4-3　工程经济指标

序号	项目名称	造价（万元）	长度指标（万元/km）	占总造价比例（%）
一	土建工程	18614.95	7921.25	80.97
1	管廊主体结构	8697.08	3700.88	37.83
1.1	标准段	2332.34	2378.48	10.35
1.2	特殊段	6364.74	2709.53	11.79
2	土方工程	4039.25	1718.83	17.57
3	基坑围护	4087.92	1739.54	17.78
4	支架工程	705.00	300.00	3.07
5	排管工程	1085.70	462.00	4.72
二	安装工程	3078.47	1309.99	13.39
1	排水及消防	456.69	194.34	1.99
2	电气工程	1685.03	717.03	7.33
3	仪表及自控系统	891.00	379.15	3.88
4	通风工程	45.75	19.47	0.20

续表4-3

序号	项目名称	造价（万元）	长度指标（万元/km）	占总造价比例（%）
三	设备工程	1296.74	551.80	5.64
1	排水及消防	108.00	45.96	0.47
2	电气工程	329.80	140.34	1.43
3	仪表及自控系统	760.80	323.74	3.31
4	通风工程	85.30	36.30	0.37
5	工器具购置	12.84	5.46	0.06
四	工程费用合计	22990.16	9783.05	100.00

4. 部分土建项目费用分析（见表4-4）

表4-4　部分土建项目费用分析

序号	项目名称	造价（万元）	直接费比例（%）				
			人工费	材料费	机械费	企业管理	利润
1	标准段	2332.34	18.49	72.81	4.36	2.51	1.83
2	综合通风口	1985.22	15.38	77.26	3.73	2.10	1.53
3	燃气通风口	865.05	15.46	77.14	3.75	2.11	1.54
4	吊装口	506.75	17.04	74.76	4.17	2.33	1.70
5	引出口	1037.58	16.17	75.98	4.01	2.22	1.62
6	端部井	46.57	16.13	76.10	3.95	2.21	1.61
7	倒虹段（一）	546.96	19.43	71.33	4.66	2.65	1.93
8	倒虹段（二）	676.70	19.98	70.64	4.69	2.72	1.97
9	分变电所	133.49	17.40	74.33	4.17	2.37	1.73
10	交叉口	566.41	18.35	72.85	4.46	2.51	1.83
11	土方工程	4039.25	15.07	2.91	74.82	3.60	3.60
12	基坑围护	4087.92	16.04	58.03	19.24	3.87	2.82

注：各项目造价包含措施费、规费、税金及其他项目。

5. 部分主要材料消耗量指标（见表4-5）

表4-5 部分主要材料消耗量指标

序号	项目名称	单位	消耗量	百米消耗量	单价（元）
1	钢筋φ10以内	t	372.94	15.87	2790.00
2	钢筋φ10以上	t	5391.1	229.41	2680.00
3	钢筋φ20以上	t	223.72	9.52	2640.00
4	其他钢材	t	135.9	5.78	3010.00
5	水泥 32.5MPa	t	9365.12	398.52	320.00
6	碎石	m³	1340.18	57.03	118.50
7	中砂	m³	1966.6	83.69	102.00
8	组合钢模板	kg	59057.98	2513.11	3.01
9	预拌混凝土 C20	m³	4659.12	198.26	320.00
10	预拌混凝土（水下）C30	m³	8630.06	367.24	360.00
11	预拌混凝土 C35	m³	29933.31	1273.76	350.00
12	控制电缆 ZC-KVV-450/750V 10×1.5	m	27598.87	1174.42	18.00
13	控制电缆 ZC-KVV-450/750V 7×1.5	m	14982.42	637.55	15.00
14	电力电缆 ZB-YJV-10kV 3×70	m	940.31	40.01	170.00
15	电力电缆 ZB-YJV-10kV 5×4	m	18359.78	781.27	15.00
16	电力电缆 ZB-YJV-10kV 3×4	m	13698.63	582.92	10.00
17	预分支电缆-干线 FZ-ZC-YJV-1kV-3×70+2×35	m	7909.31	336.57	230.00
18	预分支电缆-干线 FZ-ZC-YJV-1kV-3×50+2×25	m	7909.31	336.57	160.00
19	预分支电缆-干线 FZ-ZC-YJV-1kV-5×16	m	4589.44	195.30	65.00
20	预分支电缆-干线 FZ-ZC-YJV-1kV-3×35+2×16	m	987.78	42.03	110.00
21	预分支电缆-干线 FZ-ZC-YJV-1kV-5×10	m	987.78	42.03	40.00
22	综合用工一类	工日	77.42	3.29	70.00
23	综合用工二类	工日	343647	14623.28	60.00
24	综合用工三类	工日	25736.47	1095.17	47.00

五、山西省××市

1. 工程概况及项目特征（见表5-1）

表5-1　工程概况及项目特征

项目名称	内容说明			
工程名称	××综合管廊工程			
建设地点	山西省××市			
价格取定日期	2017年8月材料信息价			
管廊总长度	10150m			
标准断面布置形式	双舱、三舱			
建设地点类型	结合新建道路工程实施			
入廊管线	给水、电力、通信、天然气、中水、热力			
管廊类型	现浇钢筋混凝土综合管廊			
断面结构尺寸	净宽×净高	底板厚	外壁厚	顶板厚
	(5.2+3.8)m×3.5m+1.8m×2.5m	400mm	400mm	400mm
	(4.3+1.8)m×4.0m+1.8m×2.5m	400mm	400mm	400mm
	(2.5+3.6)m×3.2m+1.8m×2.5m	400mm	400mm	400mm
	(3.5+2.5)m×3.2m+1.8m×2.5m	400mm	400mm	400mm
	(2.5+1.9)m×3.0m	400mm	400mm	400mm
支架形式	镀锌钢支架			
覆土深度	约3.0m			
开挖形式	××路管廊放坡开挖，××路管廊支护下开挖			
地基处理	地基承载力满足要求不另行处理			
降水形式	基坑明排水			
基坑围护方式	拉森钢板桩，灌注桩+高压旋喷桩			
管线引出形式	套管引出排管，过路排管采用混凝土包封或钢套管			

2. 设备配置及安装工程（见表5-2）

表5-2 设备配置及安装工程

项目名称	内 容 说 明
仪表及自控工程	监控系统、检测仪表、安保系统、通信系统、综合布线系统等
消防、排水工程	超细干粉自动灭火系统，配置普通灭火器，潜水排污泵、阀门及排水管道
暖通工程	排风机、电动防火阀及附属安装工程
电气工程	综合管廊内埋地式变压器、低压配电柜、照明系统、应急电源及附属安装工程

3. 工程经济指标（见表5-3）

表5-3 工程经济指标

序号	项 目 名 称	造价（万元）	长度指标（万元/km）	占总造价比例（%）
一	土建工程	70700.04	6965.52	76.35
1	管廊主体结构	45404.80	4473.38	49.03
2	排管工程	1599.04	157.54	1.73
3	工井（电信、热力、综合、电力）	4960.00	488.67	5.36
4	支架工程	2537.50	250.00	2.74
5	地基处理及围护	15430.75	1520.27	16.66
6	变电所	413.95	40.78	0.45
7	监控中心	354.00	34.88	0.38
二	安装工程	2832.28	279.04	3.06
1	排水及消防	303.26	29.88	0.33
2	电气工程	1220.19	120.22	1.32
3	仪表及自控系统	1233.86	121.56	1.33
4	通风工程	74.97	7.39	0.08

续表 5-3

序号	项 目 名 称	造价（万元）	长度指标（万元/km）	占总造价比例（%）
三	设备工程	19070.69	1878.89	20.59
1	排水及消防	2021.75	199.19	2.18
2	电气工程	8134.61	801.44	8.78
3	仪表及自控系统	8225.71	810.41	8.88
4	通风工程	499.80	49.24	0.54
5	工器具购置	188.82	18.60	0.20
四	工程费用合计	92603.02	9123.45	100.00

4. 部分土建项目费用分析（见表 5-4）

表 5-4　部分土建项目费用分析

序号	项目名称	造价（万元）	直接费比例（%）				
			人工费	材料费	机械费	企业管理费	利润
1	××大街管廊	—	—	—	—	—	—
1.1	管廊主线	21345.11	19.34	53.95	15.42	5.68	5.61
1.2	地基处理及围护	6704.33	18.95	56.93	14.48	4.85	4.79
2	××路管廊	—	—	—	—	—	—
2.1	管廊主线	15518.17	19.73	53.83	15.32	5.59	5.53
2.2	地基处理及围护	6689.47	19.76	55.44	15.12	4.87	4.81
3	××路管廊	—	—	—	—	—	—
3.1	管廊主线	3686.98	19.61	53.51	15.80	5.57	5.51
3.2	地基处理及围护	733.48	16.00	71.27	3.21	4.78	4.74
4	××路管廊	—	—	—	—	—	—
4.1	管廊主线	2949.30	18.67	54.59	15.63	5.58	5.53
4.2	地基处理及围护	688.96	16.06	71.20	3.22	4.78	4.74
5	××路管廊	—	—	—	—	—	—
5.1	管廊主线	1905.24	20.13	53.66	15.39	5.44	5.38
5.2	地基处理及围护	614.51	16.13	70.60	3.61	4.86	4.80

注：各项目造价包含措施费、规费、税金及其他项目。

5. 部分主要材料消耗量指标（见表5-5）

表5-5 部分主要材料消耗量指标

序号	项 目 名 称	单位	消耗量	百米消耗量	单价（元）
1	螺纹钢 11mm～20mm	t	10011.18	98.63	1970.00
2	螺纹钢 20mm 及以上	t	23359.42	230.14	1970.00
3	圆钢（综合）	t	2495.66	24.59	2040.00
4	其他钢材	t	44.77	0.44	2380.00
5	水泥 32.5MPa	t	39746.76	391.59	250.00
6	水泥 42.5MPa	t	89524.13	882.01	260.00
7	预拌混凝土 C15	m³	5520.90	54.39	208.00
8	预拌混凝土 C30	m³	1268.99	12.50	252.41
9	预拌混凝土 C40	m³	196092.34	1931.94	262.56
10	碎石（综合）	m³	164598.40	1621.66	83.00
11	天然砂砾	m³	368892.03	3634.40	44.00
12	组合钢模板	kg	305516.14	3010.01	3.30
13	阻燃电力电缆ZA-YJV-0.6/1 5×16 及以下	m	203212.00	2002.09	80.00
14	阻燃耐火电力电缆ZAN-YJV-0.6/1 5×4 及以下	m	76760.00	756.26	20.00
15	总线电缆 现场总线电缆，阻燃型	m	37875.00	373.15	20.00
16	预分支阻燃电力电缆FZ-ZA-YJV-0.6/1 3×95+2×50	m	16665.00	164.19	346.50
17	电源电缆 ZC-VV 3×1.5	m	151500.00	1492.61	3.60
18	电源电缆 ZC-VV 3×4	m	40400.00	398.03	9.60
19	信号电缆 ZC-DJYJP 2×2×1.0	m	50500.00	497.54	3.20
20	信号电缆 ZC-DJYJP 3×2×1.0	m	50500.00	497.54	4.80
21	信号控制电缆 ZC-KVVP 4×1.0	m	175000.00	1724.14	3.20
22	信号控制电缆 ZC-KVVP 4×1.5	m	87500.00	862.07	4.80
23	信号控制电缆 ZC-KVVP 5×1.0	m	4000.00	39.41	4.00
24	信号控制电缆 ZC-KVVP 7×1.0	m	15000.00	147.78	5.60
25	电缆桥架 综合	m	68842.50	678.25	500.00
26	综合工日	工日	1711736.03	16864.39	70.00

六、广东省××市新城

1. 工程概况及项目特征（见表6-1）

表6-1　工程概况及项目特征

项目名称	内 容 说 明			
工程名称	××综合管廊工程			
建设地点	广东省××市			
价格取定日期	2016年10月材料信息价			
管廊总长度	4150m			
标准断面布置形式	双舱			
建设地点类型	结合新建道路工程实施			
入廊管线	给水、电力、通信、天然气、污水			
管廊类型	标准段预制结合特殊段现浇			
断面结构尺寸	净宽×净高	底板厚	外壁厚	顶板厚
	（1.7+3.4）m×3.0m	350mm	350mm	350mm
支架形式	镀锌钢支架			
覆土深度	约2.50m			
开挖形式	支护下开挖			
地基处理	根据不同地质情况，采用碎石、砂砾石换填，PHC工法桩，压密注浆处理			
降水形式	基坑明排水			
基坑围护方式	拉森钢板桩围护			
管线引出形式	套管引出排管，过路排管采用混凝土包封或钢套管			

2. 设备配置及安装工程（见表6-2）

表6-2　设备配置及安装工程

项目名称	内 容 说 明
仪表及自控工程	监控系统、检测仪表、安保系统、通信系统、综合布线系统等
消防、排水工程	超细干粉自动灭火系统，配置普通灭火器，潜水排污泵、阀门及排水管道
暖通工程	排风机、电动防火阀及附属安装工程
电气工程	综合管廊内埋地式变压器、低压配电柜、照明系统、应急电源及附属安装工程

3. 工程经济指标（见表6-3）

表6-3　工程经济指标

序号	项目名称	造价（万元）	长度指标（万元/km）	占总造价比例（%）
一	土建工程	22678.56	5464.71	80.21
1	管廊主体结构	11906.97	2869.15	42.11
1.1	标准段	5093.14	1227.26	18.01
1.2	特殊段	6813.84	1641.89	24.10
2	土方工程	1415.00	340.97	5.00
3	地基处理	2778.59	669.54	9.83
4	围护及围堰工程	4261.84	1026.95	15.07
5	管廊支架	826.68	199.20	2.92
6	引出段排管	798.60	192.43	2.82
7	监控中心	690.86	166.47	2.44
二	安装工程	532.86	128.40	1.88
1	消防工程	53.06	12.79	0.19
2	给排水工程	18.00	4.34	0.06
3	电气工程	190.08	45.80	0.67

续表 6-3

序号	项目名称	造价（万元）	长度指标 （万元/km）	占总造价 比例（%）
4	仪表及自控工程	169.16	40.76	0.60
5	火灾报警控制系统	90.03	21.69	0.32
6	通风工程	12.52	3.02	0.04
三	设备工程	5064.06	1220.26	17.91
1	消防工程	442.16	106.54	1.56
2	给排水工程	693.47	167.10	2.45
3	电气工程	1584.04	381.70	5.60
4	仪表及自控工程	1429.66	344.50	5.06
5	火灾报警控制系统	760.23	183.19	2.69
6	通风工程	104.37	25.15	0.37
7	工器具购置	50.14	12.08	0.18
四	工程费用合计	28275.48	6813.37	100.00

4. 部分土建项目费用分析（见表6-4）

表 6-4　部分土建项目费用分析

序号	项目名称	造价 （万元）	直接费比例（%）				
			人工费	材料费	机械费	管理费	利润
1	标准段	5093.14	23.21	56.51	12.55	3.52	4.21
2	倒虹段	837.41	25.59	66.31	1.55	1.94	4.61
3	燃气舱排风口	550.21	20.55	73.05	1.14	1.56	3.70
4	综合舱排风口	799.53	20.11	73.64	1.11	1.52	3.62
5	A型燃气舱吊装口	618.20	20.93	72.56	1.16	1.58	3.77
6	A型综合舱吊装口	598.88	20.37	73.28	1.14	1.54	3.67
7	B型燃气舱吊装口	164.93	22.58	70.41	1.24	1.71	4.06
8	B型综合舱吊装口	148.95	21.84	71.38	1.20	1.65	3.93
9	端部井	77.58	22.11	70.98	1.25	1.68	3.98

续表 6-4

序号	项目名称	造价（万元）	直接费比例（%）				
			人工费	材料费	机械费	管理费	利润
10	引出口	2534.78	21.63	71.51	1.33	1.64	3.89
11	1号真空泵房	27.47	25.58	66.41	1.46	1.94	4.61
12	2号真空泵房	17.54	25.44	66.60	1.45	1.93	4.58
13	C型燃气井	103.60	12.88	82.68	1.11	1.01	2.32
14	C型缆线井	202.45	12.63	83.03	1.08	0.99	2.27
15	C型给水井	132.31	23.18	68.90	1.95	1.80	4.17
16	土方工程	1415.00	30.72	—	58.47	5.32	5.49
17	地基处理	2778.59	19.08	59.21	16.11	2.17	3.43
18	围护工程	4136.30	41.75	18.95	25.35	6.44	7.51

注：各项目造价包含措施费、规费、税金及其他项目。

5. 部分主要材料消耗量指标（见表6-5）

表6-5 部分主要材料消耗量指标

序号	项目名称	单位	消耗量	百米消耗量	单价（元）
1	螺纹钢 ϕ12~25	t	2021.75	48.72	2314.97
2	螺纹钢 ϕ25以上	t	673.7	16.23	2314.97
3	圆钢（综合）	t	668.49	16.11	2349.40
4	其他钢材	t	211.06	5.09	2325.00
5	水泥 32.5MPa	t	411.57	9.92	314.00
6	水泥 42.5MPa	t	8491.6	204.62	326.77
7	沥青混凝土 C15	m³	2139.11	51.54	336.22
8	预拌混凝土 C20	m³	1236.08	29.79	345.82
9	预拌混凝土 C40	m³	23854.52	574.81	403.85
10	碎石（综合）	m³	2382.22	57.40	120.38
11	天然砂砾	m³	3082.34	74.27	72.82

续表6-5

序号	项 目 名 称	单位	消耗量	百米消耗量	单价（元）
12	中砂	m³	10862.99	261.76	72.00
13	组合钢模板	kg	59386.78	1431.01	4.21
14	遇水膨胀橡胶止水带	m	21269.54	512.52	32.23
15	耐根穿刺反应粘贴型防水卷材	m²	22745.16	548.08	48.08
16	反应粘贴型防水卷材	m²	53175.36	1281.33	24.23
17	预分支阻燃电力电缆 FZ-ZA-YJV-0.6/1 3×95+2×50	m	5500.00	132.53	199.49
18	预分支阻燃电力电缆 FZ-ZAN-YJV-0.6/1 3×35+2×16	m	11000.00	265.06	87.78
19	阻燃电力电缆ZA-YJV-0.6/1 5×16及以下	m	55000.00	1325.30	55.66
20	阻燃电力电缆ZAN-YJV-0.6/1 5×4及以下	m	24200.00	583.13	12.94
21	信号电缆 ZC-DJYJP 3×2×1.0	m	40000.00	963.86	6.00
22	信号控制电缆 ZC-KVVP 7×1.0	m	10000.00	240.96	7.00
23	总线电缆 MODBUS 电缆	m	3000.00	72.29	15.00
24	电源电缆 ZC-VV 3×1.5	m	100000.00	2409.64	4.00
25	综合工日	工日	391456.69	9432.69	102.00

七、青海省××县

1. 工程概况及项目特征（见表7-1）

表7-1　工程概况及项目特征

项目名称	内 容 说 明			
工程名称	青海省××县××路管廊工程			
建设地点	青海省××县××路			
价格取定日期	2015年材料信息价			
管廊总长度	320m			
标准断面布置形式	单舱			
建设地点类型	结合新建道路实施			
入廊管线	电力、通信、给水			
管廊类型	现浇钢筋混凝土综合管廊			
断面结构尺寸	净宽×净高	底板厚	外壁厚	顶板厚
	3.0m×2.7m	300mm	300mm	300mm
支架形式	镀锌钢支架			
覆土深度	单舱管廊2.0m			
开挖形式	放坡开挖			
地基处理	地基承载力满足要求，不另行处理			
降水形式	基坑明排水			
基坑围护方式	土钉墙结合喷射混凝土护坡			
管线引出形式	套管引出排管，过路排管采用混凝土包封或钢套管			

2. 设备配置及安装工程（见表 7-2）

表 7-2　设备配置及安装工程

项目名称	内 容 说 明
仪表及自控工程	含现场控制系统、检测仪表、安保系统、数字光纤电话系统、火灾报警及联动控制系统、配套软件及电缆等安装工程
消防、排水工程	磷酸铵盐干粉灭火器装置、排水泵及附属安装工程
暖通工程	屋顶式排风机、电动百叶窗、电动排烟防火阀及附属安装工程
电气工程	低压配电柜系统、照明系统、应急电源及附属安装工程

3. 工程经济指标（见表 7-3）

表 7-3　工程经济指标

序号	项目名称	造价（万元）	长度指标（万元/km）	占总造价比例（%）
一	土建工程	666.81	2083.79	73.99
1	管廊主体结构	417.12	1303.51	46.28
1.1	标准段	190.34	594.80	21.12
1.2	特殊段	226.79	708.71	25.16
2	支护工程	141.82	443.19	15.74
3	引出段	107.87	337.09	11.97
二	安装工程	67.25	210.15	7.46
1	电气工程	16.93	52.91	1.88
2	监控工程	7.61	23.77	0.84
3	消防及排水	1.26	3.94	0.14
4	暖通工程	0.96	3.00	0.11
5	管廊支架	40.49	126.54	4.49

续表7-3

序号	项目名称	造价（万元）	长度指标（万元/km）	占总造价比例（%）
三	设备工程	167.18	522.44	18.55
1	电气工程	71.88	224.63	7.98
2	监控工程	74.67	233.34	8.28
3	消防及排水	10.98	34.32	1.22
4	暖通工程	7.99	24.98	0.89
5	工器具购置	1.66	5.17	0.18
四	工程费用合计	901.24	2816.39	100.00

4. 部分土建项目费用分析（见表7-4）

表7-4 部分土建项目费用分析

序号	项目名称	造价（万元）	直接费比例（%）				
			人工费	材料费	机械费	管理费	利润
1	标准段	190.34	21.38	59.03	16.17	2.14	1.28
2	端部井	18.60	19.32	65.40	12.18	1.94	1.16
3	通风口	57.47	16.73	69.47	11.13	1.67	1.00
4	吊装口	60.65	17.84	67.57	11.74	1.78	1.07
5	引出口	51.94	19.88	61.64	15.30	1.99	1.19
6	倒虹段（一）	16.67	19.71	64.07	13.07	1.97	1.18
7	倒虹段（二）	21.46	19.32	65.53	12.06	1.93	1.16
8	支护工程	141.82	25.91	46.77	23.18	2.59	1.55

注：各项目造价包含措施费、规费、税金及其他项目。

5. 部分主要材料消耗量指标（见表7-5）

表7-5　部分主要材料消耗量指标

序号	项 目 名 称	单位	消耗量	百米消耗量	单价（元）
1	圆钢φ10以内	t	76.36	23.86	3312.54
2	圆钢φ10以上	t	146.70	45.84	3428.70
3	其他钢材	t	5.70	1.78	4660.00
4	预拌混凝土C20	m³	371.64	116.14	366.00
5	预拌混凝土C30	m³	1108.87	346.52	406.00
6	预拌混凝土C15	t	338.39	105.75	346.00
7	水泥32.5MPa	t	373.11	116.60	346.00
8	水泥42.5MPa	t	683.01	213.44	375.00
9	净砂	m³	1391.75	434.92	90.00
10	砾石	m³	1680.40	525.12	70.00
11	橡胶止水带	m	353.43	110.45	80.00
12	手动闸阀DN80，PN1.0MPa	套	18.00	5.63	405.00
13	止回阀DN80，PN1.0MPa	套	18.00	5.63	922.00
14	电力电缆ZB-YJV-1kV 5×6	m	1200.00	375.00	21.36
15	电力电缆ZB-YJV-1kV 4×4	m	400.00	125.00	11.70
16	电力电缆ZB-YJV-1kV 3×4	m	400.00	125.00	8.88
17	电力电缆ZBN-YJV-1kV 3×4	m	400.00	125.00	9.77
18	控制电缆ZBN-KVV-450/750V 5×1.5	m	1200.00	375.00	5.64
19	控制电缆ZB-KVV-450/750V 5×1.5	m	1200.00	375.00	5.64
20	控制电缆ZBN-KVV-450/750V 4×1.5	m	1200.00	375.00	5.04
21	接地干线热镀锌扁钢 −40×6	m	1600.00	500.00	6.62
22	轻质高强度托盘式电缆桥架 W400mm×H150mm	m	400.00	125.00	300.00
23	单管荧光灯220V，1×18W，紧凑型	套	400.00	125.00	300.00
24	感温电缆	m	3200.00	1000.00	6.00
25	综合工日	工日	18148.89	5671.53	76.5

八、辽宁省××市新城

1. 工程概况及项目特征（见表8-1）

表8-1　工程概况及项目特征

项目名称	内　容　说　明			
工程名称	辽宁省××市××新城综合管廊（二期）工程			
建设地点	辽宁省××市			
价格取定日期	2016年12月材料信息价			
管廊总长度	14800m			
标准断面布置形式	单舱、三舱、四舱			
建设地点类型	结合新建道路实施			
入廊管线	给水、燃气、电力、通信、热力、污水			
管廊类型	现浇钢筋混凝土综合管廊			
断面结构尺寸	净宽×净高	底板厚	外壁厚	顶板厚
	2.8m×3.0m	350mm	350mm	350mm
	（2.8+2.8+1.8）m×3.0m	400mm	400mm	400mm
	（2.3+2.8+2.8+1.8）m×3.0m	400mm	400mm	400mm
	（1.8+4.5+1.8+2.9）m×3.0m	400mm	400mm	400mm
	（2.8+4.5+1.8+2.9）m×3.0m	400mm	400mm	400mm
支架形式	镀锌钢支架			
覆土深度	单舱管廊1.2m、三舱管廊2.5m、四舱管廊2.5m			
开挖形式	放坡开挖+支护下开挖			
地基处理	地基承载力满足要求，部分特殊段考虑回旋钻孔灌注桩			
降水形式	井点排水			
基坑围护方式	因临近河道，单舱管廊采用SWM工法桩，其他喷射混凝土护坡			
管线引出形式	套管引出排管，过路排管采用混凝土包封或钢套管			

2. 设备配置及安装工程（见表8-2）

表8-2 设备配置及安装工程

项目名称	内 容 说 明
仪表及自控工程	含现场控制系统、检测仪表、安保系统、数字光纤电话系统、火灾报警及联动控制系统、配套软件及电缆等安装工程
消防、排水工程	超细干粉自动灭火装置、潜水排污泵及附属安装工程
暖通工程	混流风机、换气扇、电动防火阀及附属安装工程
电气工程	综合管廊进行供电设计，应急照明配电箱、空调风机配电箱

3. 工程经济指标（见表8-3）

表8-3 工程经济指标

序号	项目名称	造价（万元）	长度指标（万元/km）	占总造价比例（%）
一	土建工程	49535.77	3347.01	74.52
1	管廊主体结构	41668.41	2815.43	62.68
1.1	标准段	25621.66	1731.19	38.54
1.2	特殊段	16046.76	1084.24	24.14
2	地基处理	1349.39	91.18	2.03
3	围护工程	714.53	48.28	1.07
4	排管工程	1385.84	93.64	2.08
5	管廊支架	3637.60	298.49	5.47
6	控制中心	780.00	298.49	1.17
二	安装工程	6405.42	298.49	9.64
1	电气工程	5294.74	298.49	7.97
2	监控工程	669.92	298.49	1.01
3	消防及排水	361.82	24.45	0.54
4	暖通工程	78.94	5.33	0.12

续表 8-3

序号	项目名称	造价（万元）	长度指标（万元/km）	占总造价比例（%）
三	设备工程	10429.32	704.68	15.69
1	电气工程	1205.19	81.43	1.81
2	监控工程	5682.71	383.97	8.55
3	消防及排水	3015.17	203.73	4.54
4	暖通工程	526.25	35.56	0.79
5	工器具购置	104.29	7.05	0.16
四	工程费用合计	66474.80	4357.23	100.00

4. 部分土建项目费用分析（见表8-4）

表8-4　部分土建项目费用分析

序号	项目名称	造价（万元）	直接费比例（%）				
			人工费	材料费	机械费	管理费	利润
1	××街综合管廊	—	—	—	—	—	—
1.1	标准段—三舱	2091.71	18.93	65.86	8.07	3.14	4.00
1.2	标准段—四舱	6241.49	16.44	72.94	4.71	2.60	3.31
1.3	分支口（三舱）	499.57	13.82	77.12	4.00	2.22	2.84
1.4	通风口（三舱）	220.39	14.76	76.23	3.74	2.32	2.95
1.5	吊装口（三舱）	114.25	15.13	75.90	3.63	2.35	2.99
1.6	分变电所（三舱）	112.56	15.15	75.46	3.96	2.39	3.04
1.7	转角（三舱）	1506.09	16.35	72.87	4.78	2.64	3.36
1.8	通风口（四舱）	1177.27	14.88	76.59	3.34	2.29	2.90
1.9	分支口（四舱）	637.68	14.86	76.13	3.73	2.32	2.96
1.10	吊装口（四舱）	220.10	15.38	75.86	3.42	2.35	2.99
1.11	控制中心连接通道（四舱）	144.02	15.76	75.30	3.47	2.41	3.06
1.12	倒虹段（四舱）	256.77	15.34	75.19	3.98	2.41	3.08
1.13	交叉口（四舱）	131.90	16.20	75.02	3.26	2.42	3.10

续表8-4

序号	项目名称	造价（万元）	直接费比例（%）				
			人工费	材料费	机械费	管理费	利润
1.14	分变电所（四舱）	71.66	15.21	75.77	3.65	2.36	3.01
1.15	端井（四舱）	1349.39	13.94	78.41	2.87	2.10	2.68
1.16	地基处理	469.08	17.08	52.61	19.83	4.61	5.87
2	××街综合管廊	—	—	—	—	—	—
2.1	单舱综合管廊3.5×3.7	10898.98	16.81	66.61	9.20	3.25	4.13
2.2	通风口	1682.13	15.04	73.75	5.41	2.55	3.25
2.3	吊装口	733.40	14.91	73.00	6.12	2.62	3.35
2.4	电力引出通道	436.57	15.93	71.23	6.47	2.81	3.56
2.5	分变电所	245.22	14.81	74.43	5.10	2.49	3.17
2.6	控制中心连接通道	44.41	16.27	72.17	5.40	2.71	3.45
2.7	倒虹段	458.01	16.32	69.53	7.41	2.96	3.78
2.8	围护工程	714.53	17.07	46.15	24.86	5.24	6.68
3	××街综合管廊	—	—	—	—	—	—
3.1	综合管廊（三舱一）	2586.61	15.74	74.00	4.51	2.53	3.22
3.2	综合管廊（三舱二）	3802.86	15.82	73.71	4.65	2.56	3.26
3.3	分支口（三舱一）	818.47	15.04	76.02	3.64	2.33	2.97
3.4	通风口（三舱一）	645.83	15.02	76.66	3.16	2.27	2.89
3.5	吊装口（三舱一）	441.61	14.97	76.73	3.15	2.26	2.89
3.6	分变电所（三舱一）	142.08	14.84	76.47	3.48	2.29	2.92
3.7	倒虹段（三舱一）	330.71	15.38	75.47	3.72	2.39	3.04
3.8	分支口（三舱二）	993.57	15.30	75.48	3.79	2.39	3.04
3.9	通风口（三舱二）	1032.32	15.03	76.59	3.20	2.28	2.90
3.10	吊装口（三舱二）	565.07	14.97	76.66	3.21	2.27	2.89
3.11	分变电所（三舱二）	137.39	14.86	76.37	3.54	2.30	2.93
3.12	端井（三舱二）	67.27	14.61	77.01	3.29	2.24	2.85
3.13	倒虹段（三舱二）	788.74	15.44	75.27	3.81	2.41	3.07
3.14	支廊	1042.76	16.06	70.70	6.76	2.85	3.63

注：各项目造价包含措施费、规费、税金及其他项目。

5. 部分主要材料消耗量指标（见表8-5）

表8-5　部分主要材料消耗量指标

序号	项目名称	单位	消耗量	百米消耗量	单价（元）
1	钢筋φ10以内	t	8370.42	56.56	2906.00
2	钢筋φ10以上	t	18416.85	124.44	2854.70
3	其他钢材	t	946.34	6.39	3950.00
4	预拌混凝土 C20	m³	19622.59	132.59	322.50
5	预拌混凝土 C40	m³	157063.79	1061.24	445.00
6	水泥 32.5MPa	t	914.02	6.18	307.00
7	粗砂	t	3061.84	20.69	68.04
8	橡胶止水带	m	16679.63	112.70	36.92
9	电力电缆ZC-VV-1kV 3×35+2×16	m	38000.00	256.76	90.00
10	电力电缆ZC-VV-1kV 3×25+2×16	m	6800.00	45.95	71.00
11	电力电缆ZC-VV-1kV 5×10	m	63000.00	425.68	32.00
12	电力电缆ZCN-VV-1kV 5×10	m	32000.00	216.22	35.00
13	电力电缆ZC-VV-1kV 5×6	m	76100.00	514.19	21.00
14	电力电缆ZC-VV-1kV 5×4	m	38000.00	256.76	19.00
15	控制电缆ZC-KVV-450/750V 4×1.5	m	400.00	2.70	2.00
16	电力电缆ZB-YJV-1kV 5×10	m	200.00	1.35	44.00
17	电力电缆ZB-YJV-1kV 5×4	m	200.00	1.35	19.00
18	电力电缆ZB-YJV-1kV 4×6	m	400.00	2.70	15.00
19	电力电缆ZB-YJV-1kV 3×4	m	1000.00	6.76	19.00
20	电力电缆ZBN-YJV-1kV 4×6	m	600.00	4.05	15.00
21	电力电缆ZBN-YJV-1kV 4×4	m	6300.00	42.57	13.00
22	控制电缆ZB-KVV-450/750V 5×1.5	m	70000.00	472.97	7.00
23	控制电缆ZC-KVVP 5×1.5	m	28000.00	189.19	4.50
24	接地干线热镀锌扁钢 —40×6	m	95000.00	641.89	5.00
25	轻质高强度托盘式电缆桥架 W700mm×H150mm	m	1000.00	6.76	600.00
26	封闭式电缆桥架 W400mm×H150mm	m	696.00	4.70	300.00
27	技工	工日	332137.96	2244.18	53.00
28	普工	工日	671420.47	4536.62	78.00

九、江苏省××市新城

1. 工程概况及项目特征（见表9-1）

表9-1 工程概况及项目特征

项目名称	内 容 说 明			
工程名称	××市××新城综合管廊工程二期（工程设计二标段）			
建设地点	江苏省××市××新城			
价格取定日期	2016年3月材料信息价			
管廊总长度	10280m			
标准断面布置形式	双舱、三舱、四舱			
建设地点类型	结合新建道路实施			
入廊管线	给水、中水、热力、燃气、污水、电力、通信			
管廊类型	现浇钢筋混凝土综合管廊			
断面结构尺寸	净宽×净高	底板厚	外壁厚	顶板厚
	（2.7+3.7+3.8+2.7）m×4.0m	400mm	400mm	400mm
	（1.95+3.7+3.8+2.1）m×4.0m	400mm	400mm	400mm
	（1.95+3.7+2.1）m×4.0m	400mm	400mm	400mm
	（1.95+3.7）m×4.0m	400mm	400mm	400mm
	（2.5+1.8+4.3）m×3.6m	350mm	350mm	350mm
	（3.8+1.95+3.7）m×4.0m	400mm	400mm	400mm
	（2.7+2.7+3.1）m×4.0m	400mm	400mm	400mm
	（1.95+2.7+3.1）m×4.0m	400mm	400mm	400mm
支架形式	镀锌钢支架			
覆土深度	双舱、三舱、四舱管廊覆土深度均为2.5m			
开挖形式	围护开挖			
地基处理	裙边旋喷桩加固			
降水形式	井点降水			
基坑围护方式	SMW工法桩围护，交叉口等较深段采用钻孔灌注桩围护			
管线引出形式	套管引出排管，过路排管采用混凝土包封或钢套管			

2. 设备配置及安装工程（见表9-2）

表9-2 设备配置及安装工程

项目名称	内 容 说 明
仪表及自控工程	含现场控制系统、检测仪表、安保系统、数字光纤电话系统、火灾报警及联动控制系统、配套软件及电缆等安装工程
消防、排水工程	超细干粉自动灭火装置、手提式磷酸铵盐干粉灭火器、防毒面具、潜水排污泵及附属安装工程
暖通工程	混流风机、换气扇、电动防火阀及附属安装工程
电气工程	22台低压配电柜

3. 工程经济指标（见表9-3）

表9-3 工程经济指标

序号	项目名称	造价（万元）	长度指标（万元/km）	占总造价比例（%）
一	土建工程	91278.65	8879.25	88.99
1	管廊主体结构	31340.32	3048.67	30.55
1.1	标准段	14197.01	1381.03	13.84
1.2	特殊段	17143.31	1667.64	16.71
2	围护工程	42164.51	4101.61	41.11
3	土方工程	8500.86	826.93	8.29
4	排管工程	5718.96	556.32	5.58
5	过河围堰及其他	3554	345.72	3.46
二	安装工程	5329.53	518.44	5.20
1	电气工程	4147.45	403.45	4.04
2	监控工程	602.58	58.62	0.59
3	消防及排水	525.37	51.11	0.51
4	暖通工程	54.13	5.27	0.05

续表9-3

序号	项目名称	造价（万元）	长度指标（万元/km）	占总造价比例（%）
三	设备工程	5963.81	580.14	5.81
1	电气工程	392.28	38.16	0.38
2	监控工程	4017.22	390.78	3.92
3	消防及排水	1134.42	110.35	1.11
4	暖通工程	360.84	35.10	0.35
5	工器具购置	59.05	5.74	0.06
四	工程费用合计	102571.99	9977.82	100.00

4. 部分土建项目费用分析（见表9-4）

表9-4 部分土建项目费用分析

序号	项目名称	造价（万元）	直接费比例（%）				
			人工费	材料费	机械费	管理费	利润
1	标准段	14197.01	20.99	65.82	2.58	8.25	2.36
2	端部井	438.46	19.57	69.93	2.54	5.75	2.21
3	综合通风口	4315.05	20.31	68.80	2.64	5.96	2.29
4	燃气通风口	925.70	20.59	68.42	2.63	6.04	2.32
5	吊装口	1881.02	20.31	68.79	2.64	5.97	2.29
6	引出口	3389.05	20.14	68.91	2.53	6.15	2.27
7	分变电所	2665.21	20.49	68.69	2.53	5.99	2.30
8	倒虹段	3528.82	21.14	67.59	2.70	6.20	2.37
9	基坑围护及土方工程	39927.24	14.50	46.14	25.10	10.30	3.96

注：各项目造价包含措施费、规费、税金及其他项目。

5. 部分主要材料消耗量指标（见表9-5）

表9-5　部分主要材料消耗量指标

序号	项目名称	单位	消耗量	百米消耗量	单价（元）
1	热轧圆钢φ10以内	t	10026.38	97.53	2761.34
2	螺纹钢φ10以上	t	25768.94	250.67	2787.07
3	其他钢材	t	2337.15	22.73	4472.5
4	水泥42.5MPa	t	361897.13	3520.40	230.00
5	水泥32.5MPa	t	68722.94	668.51	210.00
6	预拌混凝土 C35（主体结构）	m³	161409.41	1570.13	257.44
7	预拌混凝土 C20	m³	26650.22	259.24	216.10
8	预拌混凝土 C30（基坑工程）	m³	52729.03	512.93	230.00
9	橡胶止水带	m	21480.37	208.95	37.01
10	电力电缆BTRWY-1kV 3×240+1×120	m	140.00	1.36	650.00
11	电力电缆ZCN-YJV-1kV 4×4	m	32000.00	311.28	20.00
12	电力电缆ZC-YJV-1kV 3×4	m	58500.00	569.07	15.00
13	电力电缆ZC-YJV-1kV 4×6	m	32000.00	311.28	25.00
14	电力电缆ZC-YJV-1kV 5×10	m	64000.00	622.57	35.00
15	电力电缆ZC-YJV-1kV 5×4	m	32000.00	311.28	20.00
16	接地干线热镀锌扁钢 —40×6	m	56000.00	544.75	10.00
17	控制电缆ZC-DJYPVP 2×2×1.0	m	40000.00	389.11	5.00
18	控制电缆ZC-KVV-450/750V 5×1.5	m	192000.00	1867.70	5.00
19	控制电缆ZC-KVVP 3×1.0	m	40000.00	389.11	3.00
20	控制电缆ZC-KVVP 5×1.0	m	40000.00	389.11	5.00
21	轻质高强度托盘式电缆桥架	m	25000.00	243.19	500.00
22	预分支电缆-干线BTRWY-YJV-1kV-3×50+2×25	m	12000.00	116.73	135.00
23	预分支电缆-干线FZ-ZC-YJV-1kV-3×70+2×35	m	15000.00	145.91	220.00

续表9-5

序号	项 目 名 称	单位	消耗量	百米消耗量	单价（元）
24	预分支电缆-干线FZ-ZC-YJV-1kV-3×95+2×50	m	15000.00	145.91	300.00
25	金属封闭型线槽（监控）W200mm×H100mm	m	37160.00	361.48	200.00
26	一类工	工日	1612.67	15.69	87.00
27	二类工	工日	1157701.85	11261.69	83.00
28	三类工	工日	345123.36	3357.23	78.00

十、江苏省××市

1. 工程概况及项目特征（见表10-1）

表10-1　工程概况及项目特征

项目名称	内 容 说 明			
工程名称	江苏省××市××大道综合管廊工程			
建设地点	江苏省××市××大道			
价格取定日期	2017年5月材料信息价			
管廊总长度	7000m			
标准断面布置形式	三舱			
建设地点类型	结合新建道路实施			
入廊管线	给水、热力、电力、通信			
管廊类型	现浇钢筋混凝土综合管廊			
断面结构尺寸	净宽×净高	底板厚	外壁厚	顶板厚
	（2.8+2.6+3.9）m×4.0m	400mm	400mm	400mm
支架形式	复合材料型支架			
覆土深度	三舱管廊覆土3.0m			
开挖形式	围护下开挖			
地基处理	砂浆锚杆处理			
降水形式	井点排水			
基坑围护方式	埋深较浅采用喷锚护坡+旋喷桩止水，埋深较大采用钻孔灌注桩支护+旋喷桩止水			
管线引出形式	套管引出排管，过路排管采用混凝土包封或钢套管			

2. 设备配置及安装工程（见表10-2）

表10-2　设备配置及安装工程

项目名称	内 容 说 明
仪表及自控工程	含现场控制系统、检测仪表、安保系统、数字光纤电话系统、火灾报警及联动控制系统、配套软件及电缆等安装工程
消防、排水工程	超细干粉自动灭火装置、潜水排污泵及附属安装工程
暖通工程	混流风机、换气扇、电动防火阀及附属安装工程
电气工程	控制中心不包含在本工程设计范围，单舱综合管廊进行供电设计，10台低压配电柜

3. 工程经济指标（见表10-3）

表10-3　工程经济指标

序号	项目名称	造价（万元）	长度指标（万元/km）	占总造价比例（%）
一	土建工程	55603.88	7943.41	83.94
1	管廊主体结构	31896.60	4556.66	48.15
1.1	标准段	14054.69	3110.47	21.22
1.2	特殊段	17841.91	2550.49	26.93
2	土方工程	5229.64	747.09	7.89
3	地基处理	105.27	15.04	0.16
4	围护工程	17831.49	2547.36	26.92
5	过河围堰及其他	540.86	77.27	0.82
二	安装工程	5760.20	822.89	8.70
1	电气工程	2752.49	393.21	4.16
2	监控工程	354.62	50.66	0.54
3	消防及排水	609.37	87.05	0.92
4	暖通工程	48.72	6.96	0.07
5	管廊支架	1995.00	285.00	3.01

续表10-3

序号	项目名称	造价（万元）	长度指标（万元/km）	占总造价比例（%）
三	设备工程	4880.48	697.21	7.37
1	电气工程	673.62	96.23	1.02
2	监控工程	2464.14	352.02	3.72
3	消防及排水	1369.62	195.66	2.07
4	暖通工程	324.78	46.40	0.49
5	工器具购置	48.32	6.90	0.07
四	工程费用合计	66244.56	9463.51	100.00

4. 部分土建项目费用分析（见表10-4）

表10-4　部分土建项目费用分析

序号	项目名称	造价（万元）	直接费比例（%）				
			人工费	材料费	机械费	企业管理	利润
1	标准段	13981.61	18.01	72.25	2.40	5.30	2.04
2	标准段过地下通道	73.08	18.22	72.00	2.36	5.36	2.06
3	引出口	4919.75	17.30	73.34	2.30	5.10	1.96
4	高压引出口	167.72	17.47	73.03	2.36	5.16	1.98
5	吊装口（一）	1279.09	16.99	73.79	2.28	5.01	1.93
6	吊装口（二）	806.32	16.92	73.87	2.29	5.00	1.92
7	通风口（一）	2158.13	17.06	73.70	2.28	5.03	1.93
8	通风口（二）	1224.52	17.06	73.71	2.27	5.03	1.93
9	分变电所（一）	137.16	16.77	74.32	2.11	4.91	1.89
10	分变电所（二）	60.95	16.58	74.58	2.11	4.86	1.87
11	端部井	174.69	16.21	74.89	2.24	4.81	1.85

续表 10-4

序号	项目名称	造价（万元）	直接费比例（%）				
			人工费	材料费	机械费	企业管理	利润
12	过××路隧道	134.30	18.66	71.56	2.25	5.44	2.09
13	倒虹段	1824.32	17.65	72.64	2.45	5.25	2.01
14	交叉口（一）	163.81	17.59	72.83	2.38	5.19	2.01
15	交叉口（二）	147.39	17.64	72.78	2.37	5.21	2.00
16	交叉口（三）	160.81	17.64	72.77	2.38	5.21	2.00
17	倒虹段（一）	97.24	18.06	72.15	2.41	5.33	2.05
18	倒虹段（二）	48.62	18.06	72.15	2.41	5.33	2.05
19	倒虹段（三）	52.66	18.00	72.21	2.43	5.32	2.04
20	倒虹段（四）	46.44	18.09	72.11	2.42	5.33	2.05
21	土方工程	5229.64	13.68	0.57	59.43	19.01	7.31
22	围护及护坡	17831.49	19.46	48.24	18.60	9.89	3.81
23	地基处理	105.27	25.74	23.09	30.81	14.70	5.66

注：各项目造价包含措施费、规费、税金及其他项目。

5. 部分主要材料消耗量指标（见表10-5）

表10-5 部分主要材料消耗量指标

序号	项目名称	单位	消耗量	百米消耗量	单价（元）
1	圆钢φ10以上	t	20445.03	292.07	3263.80
2	圆钢φ10以内	t	6939.57	99.14	3167.70
3	其他钢材	t	509.75	7.28	3746.00
4	预拌混凝土C35	m³	130501.95	1864.31	395.90
5	预拌混凝土C20	m³	26336.26	376.23	336.10
6	预拌混凝土C30	m³	52116.43	744.52	369.70
7	水泥42.5MPa	t	35426.57	506.09	319.00
8	水泥32.5MPa	t	20.93	0.30	289.00

续表 10-5

序号	项目名称	单位	消耗量	百米消耗量	单价（元）
9	中砂	t	6347.22	90.67	108.80
10	中粗砂	t	1317.31	18.82	108.80
11	碎石	t	5132.23	73.32	89.40
12	橡胶止水带	m	16803.36	240.05	52.33
13	电力电缆ZC-VV-1kV 5×10	m	200.00	2.86	42.97
14	电力电缆ZCN-VV-1kV 5×10	m	200.00	2.86	47.80
15	电力电缆ZC-VV-1kV 5×6	m	300.00	4.29	26.94
16	电力电缆ZC-VV-1kV 5×4	m	500.00	7.14	18.61
17	控制电缆ZC-kVV-450/750V 4×1.5	m	500.00	7.14	5.84
18	电力电缆ZB-YJV-10kV 3×70	m	6000.00	85.71	213.05
19	电力电缆ZB-YJV-1kV 5×16	m	23100.00	330.00	57.67
20	电力电缆ZB-YJV-1kV 5×10	m	46200.00	660.00	44.13
21	电力电缆ZC-YJV-1kV 4×6	m	3000.00	42.86	22.06
22	电力电缆ZB-BV-450/750kV 3×4	m	23100.00	330.00	9.22
23	电力电缆ZBNH-BV-450/750kV 4×4	m	27300.00	390.00	14.3
24	电力电缆ZB-YJV-1kV 3×4	m	500.00	7.14	11.56
25	电力电缆ZBN-YJV-1kV 3×4	m	500.00	7.14	12.85
26	控制电缆ZB-KVV-450/750V 5×1.5	m	50000.00	714.29	7.19
27	接地干线热镀锌扁钢 −40×6	m	46000.00	657.14	11.30
28	电缆桥架 W400mm×H150mm	m	8000.00	114.29	300.00
29	电缆桥架 W300mm×H150mm	m	23100.00	330.00	250.00
30	一类人工	工日	2208.32	31.55	84.00
31	二类人工	工日	850672.17	12152.02	87.00
32	三类人工	工日	177414.45	2534.49	75.00

十一、广东省××市

1. 工程概况及项目特征（见表11-1）

表11-1　工程概况及项目特征

项目名称	内 容 说 明			
工程名称	××市综合管廊工程			
建设地点	广东省××市			
价格取定日期	2016年9月材料信息价			
管廊总长度	8900m			
标准断面布置形式	四舱			
建设地点类型	结合新建道路实施			
入廊管线	给水、中水、污水、燃气、电力、通信			
管廊类型	现浇钢筋混凝土综合管廊			
断面结构尺寸	净宽×净高	底板厚	外壁厚	顶板厚
	（3.15+2.6+1.8+3.5）m×3.8m	350mm	350mm	350mm
	（3.15+2.6+1.8+2.35）m×3.8m	350mm	350mm	350mm
支架形式	复合材料型支架			
覆土深度	道路下管廊覆土深度3.0m，绿化带及非机动车下管廊3.8m			
开挖形式	支护下开挖			
地基处理	深层水泥搅拌桩加固			
降水形式	井点降水			
基坑围护方式	SMW工法桩围护			
管线引出形式	套管引出排管，过路排管采用混凝土包封或钢套管			

2. 设备配置及安装工程（见表11-2）

表11-2　设备配置及安装工程

项目名称	内 容 说 明
仪表及自控工程	含现场控制系统、检测仪表、安保系统、数字光纤电话系统、火灾报警及联动控制系统、配套软件及电缆等安装工程
消防、排水工程	超细干粉自动灭火装置、手提式磷酸铵盐干粉灭火器、防毒面具、潜水排污泵及附属安装工程
暖通工程	混流风机、换气扇、电动防火阀及附属安装工程
电气工程	控制中心高压柜、计量屏、直流屏、交流屏、低压配电系统、应急照明系统等，综合管廊进行供电设计，配电及照明系统

3. 工程经济指标（见表11-3）

表11-3　工程经济指标

序号	项目名称	造价（万元）	长度指标（万元/km）	占总造价比例（%）
一	土建工程	106085.35	11919.70	84.27
1	管廊主体结构	34180.30	3840.48	27.15
1.1	标准段	15111.25	1697.89	12.00
1.2	特殊段	19069.05	2142.59	15.15
2	土方工程	7944.36	892.62	6.31
3	地基处理	29437.85	3307.62	23.38
4	围护工程	19607.26	2203.06	15.58
5	入廊管线工程	5760.31	647.23	4.58
6	引出段排管工程	3612.85	405.94	2.87
7	过河围堰及其他	5542.42	622.74	4.40
二	安装工程	10157.80	1141.33	8.07
1	电气工程	5145.89	578.19	4.09
2	监控工程	474.20	53.28	0.38

续表 11-3

序号	项目名称	造价（万元）	长度指标（万元/km）	占总造价比例（%）
3	消防及排水	874.11	98.21	0.69
4	暖通工程	40.69	4.57	0.03
5	管廊支架	3560.00	400.00	2.83
6	预制泵站	62.91	7.07	0.05
三	设备工程	9644.91	1083.70	7.66
1	电气工程	1649.50	185.34	1.31
2	监控工程	3926.15	441.14	3.12
3	消防及排水	2947.95	331.23	2.34
4	暖通工程	501.55	56.35	0.40
5	预制泵站	524.27	58.91	0.42
6	工器具购置	95.49	10.73	0.08
四	工程费用合计	125888.06	14144.73	100.00

4. 部分土建项目费用分析（见表11-4）

表 11-4　部分土建项目费用分析

序号	项目名称	造价（万元）	直接费比例（%）				
			人工费	材料费	机械费	管理费	利润
一	××大道管廊	—	—	—	—	—	—
1	标准段	13036.06	24.92	66.99	1.75	1.86	4.48
2	吊装口	1663.81	25.77	63.87	3.52	2.20	4.64
3	综合舱通风口	3551.95	24.14	67.88	1.80	1.84	4.34
4	燃气舱通风口	3778.31	23.77	68.39	1.76	1.80	4.28
5	综合舱引出口	3505.19	23.07	69.32	1.71	1.75	4.15
6	分变电所	457.87	23.16	69.12	1.79	1.76	4.17
7	倒虹段（一）	585.80	24.67	67.22	1.81	1.86	4.44
8	倒虹段（二）	912.87	24.41	67.55	1.80	1.85	4.39

续表 11-4

序号	项目名称	造价（万元）	直接费比例（%）				
			人工费	材料费	机械费	管理费	利润
9	倒虹段（三）	1091.25	24.68	67.21	1.81	1.86	4.44
10	倒虹段（四）	262.09	24.67	67.22	1.81	1.86	4.44
11	倒虹段（五）1#	58.67	24.94	66.99	1.72	1.86	4.49
12	倒虹段（五）2#	62.59	24.75	67.22	1.72	1.86	4.45
13	倒虹段（五）3#	66.78	24.77	67.19	1.72	1.86	4.46
14	倒虹段（五）4#	65.37	24.76	67.20	1.72	1.86	4.46
15	倒虹段（六）1#	96.93	24.96	66.94	1.74	1.87	4.49
16	倒虹段（六）2#	95.49	24.95	66.95	1.74	1.87	4.49
17	倒虹段（六）3#	98.39	24.96	66.94	1.74	1.87	4.49
18	交叉口（一）倒虹	236.71	24.70	67.13	1.84	1.88	4.45
19	交叉口（二）倒虹	333.87	24.67	67.23	1.80	1.86	4.44
20	交叉口（一）	397.51	23.85	68.34	1.72	1.80	4.29
21	交叉口（二）	1021.48	24.38	67.57	1.82	1.85	4.38
22	翠城道与一号路交叉口	216.91	24.61	67.26	1.83	1.87	4.43
23	控制中心连接通道连接段	215.43	24.11	67.95	1.77	1.83	4.34
24	控制中心连接通道	122.12	23.48	69.04	1.50	1.75	4.23
25	土方工程	6994.30	25.88	—	63.42	6.07	4.63
26	地基处理	25196.39	14.37	51.32	29.19	2.53	2.59
27	围护工程	16058.27	11.71	74.61	10.22	1.35	2.11
二	××路综合管廊	—	—	—	—	—	—
1	标准段	2075.20	24.92	66.98	1.75	1.87	4.48
2	吊装口	495.51	25.44	64.42	3.40	2.16	4.58
3	综合舱通风口	622.49	24.14	67.88	1.81	1.84	4.33
4	燃气舱通风口	743.38	23.75	63.52	1.76	1.80	9.17
5	综合舱引出口	743.45	23.05	69.35	1.70	1.75	4.15

续表 11-4

序号	项目名称	造价（万元）	直接费比例（%）				
			人工费	材料费	机械费	管理费	利润
6	分变电所	91.73	23.29	68.95	1.80	1.77	4.19
7	分变电所倒虹段	56.67	24.63	67.29	1.78	1.87	4.43
8	倒虹段	504.35	24.83	67.00	1.82	1.88	4.47
9	交叉口（一）倒虹段	236.92	24.70	67.14	1.84	1.87	4.45
10	土方工程	950.06	21.62	—	68.27	6.24	3.87
11	地基处理	14.25	51.70	28.96	2.51	2.58	14.25
12	围护工程	3548.99	12.22	73.85	10.32	1.41	2.20

注：各项目造价包含措施费、规费、税金及其他项目。

5. 部分主要材料消耗量指标（见表11-5）

表 11-5　部分主要材料消耗量指标

序号	项目名称	单位	消耗量	百米消耗量	单价（元）
1	热轧圆钢φ10以内	t	12314.49	138.37	2721.15
2	螺纹钢φ10以上	t	30075.29	337.92	2683.44
3	其他钢材（围护及支撑）	t	122338.35	1374.59	4700.00
4	木支撑	m³	3853.38	43.30	1327.88
5	预拌混凝土 C35	m³	224088.52	2517.85	400.48
6	预拌混凝土 C20	m³	49234.62	553.20	357.06
7	橡胶止水带	m	29748.58	334.25	32.23
8	模板木模板	m²	1431986.86	16089.74	52.93
9	电力电缆 ZB-YJV-1kV 5×10	m	18400.00	206.74	35.00
10	电力电缆 ZBN-YJV-1kV 5×6	m	36800.00	413.48	26.00
11	电力电缆 ZB-YJV-1kV 4×4	m	460.00	5.17	12.00
12	电力电缆 ZB-YJV-1kV 3×4	m	920.00	10.34	10.00
13	电力电缆 ZBN-YJV-1kV 3×4	m	27600.00	310.11	11.00
14	电力电缆 ZB-YJV-10kV 3×95	m	15000.00	168.54	220.00

续表 11-5

序号	项 目 名 称	单位	消耗量	百米消耗量	单价（元）
15	电力电缆ZB-VV-1kV 3×50+2×25	m	100.00	1.12	130.00
16	电力电缆ZB-VV-1kV 3×35+2×16	m	100.00	1.12	90.00
17	电力电缆ZB-VV-1kV 3×25+2×16	m	100.00	1.12	71.00
18	电力电缆ZBN-VV-1kV 5×10	m	100.00	1.12	42.00
19	电力电缆ZB-VV-1kV 5×6	m	1100.00	12.36	21.00
20	控制电缆ZA-KVV-450/750V 4×1.5	m	500.00	5.62	5.00
21	控制电缆ZBN-KVV-450/750V 5×1.5	m	27600.00	310.11	7.00
22	控制电缆ZB-KVV-450/750V 5×1.5	m	27600.00	310.11	6.00
23	控制电缆ZBN-KVV-450/750V 4×1.5	m	27600.00	310.11	6.00
24	接地干线热镀锌扁钢 ▬40×6	m	55200.00	620.22	11.00
25	轻质高强度托盘式电缆桥架	m	27600.00	310.11	500.00
26	镀锌钢板厚度1mm	m²	1335.00	15.00	47.00
27	光缆单模6芯	m	23000.00	258.43	8.00
28	感温光纤	m	9340.00	104.94	10.00
29	金属封闭型线槽（监控）W200mm×H100mm	m	37160.00	417.53	200.00
30	综合人工	工日	1764491.28	19825.75	101.00

十二、上海市××新城

1. 工程概况及项目特征（见表12-1）

表12-1　工程概况及项目特征

项目名称	内 容 说 明			
工程名称	上海市××新城××路新建暨综合管廊实施工程			
建设地点	上海市××新城××路			
价格取定日期	2017年6月材料信息价			
管廊总长度	1150m			
标准断面布置形式	双舱			
建设地点类型	结合新建道路实施			
入廊管线	给水、污水、燃气、电力、通信			
管廊类型	标准段预制+特殊段现浇			
断面结构尺寸	净宽×净高	底板厚	外壁厚	顶板厚
	（1.6+3.8）m×3.5m	350mm	350mm	350mm
支架形式	复合材料型支架			
覆土深度	管廊覆土深度1.5m～2.1m			
开挖形式	支护下开挖			
地基处理	深层水泥搅拌桩加固			
降水形式	井点降水			
基坑围护方式	SMW工法桩围护，部分较深部分采用灌注桩围护			
管线引出形式	套管引出排管，过路排管采用混凝土包封或钢套管			

2. 设备配置及安装工程（见表12-2）

表12-2 设备配置及安装工程

项目名称	内 容 说 明
仪表及自控工程	含自控系统、检测仪表、数字光纤电话系统、火灾报警及联动控制系统、配套软件及电缆等安装工程
消防、排水工程	高压细水雾灭火装置、手提式磷酸铵盐干粉灭火器、防毒面具、潜水排污泵及附属安装工程
暖通工程	混流风机（防爆型）、电动防火阀及附属安装工程
电气工程	综合管廊进行供电设计，含埋地式变压器、低压配电系统、应急配电系统及照明系统等

3. 工程经济指标（见表12-3）

表12-3 工程经济指标

序号	项目名称	造价（万元）	长度指标（万元/km）	占总造价比例（%）
一	土建工程	9884.64	8595.34	78.20
1	预制段管廊	2039.45	2677.50	16.13
2	现浇管廊	1869.98	4815.81	14.79
3	土方工程	1581.87	1375.54	12.51
4	地基处理	591.95	514.74	4.68
5	基坑围护	3367.23	2928.03	26.64
6	排管工程	434.16	377.53	3.43
二	安装工程	1894.37	1647.28	14.99
1	支架工程	828.00	720.00	6.55
2	排水消防	74.45	64.74	0.59
3	电气工程	848.05	737.44	6.71
4	自控工程	57.96	50.40	0.46
5	通风工程	5.06	4.40	0.04

续表 12-3

序号	项目名称	造价（万元）	长度指标（万元/km）	占总造价比例（%）
6	标识系统	3.45	3.00	0.03
7	入廊污水管线	77.40	67.30	0.61
三	设备工程	861.87	749.45	6.82
1	排水消防	224.10	194.87	1.77
2	电气工程	94.09	81.82	0.74
3	自控工程	492.97	428.67	3.90
4	通风工程	42.17	36.67	0.33
5	工器具购置	8.53	7.42	0.07
四	工程费用合计	12640.88	10992.07	100.00

4. 部分土建项目费用分析（见表 12-4）

表 12-4 部分土建项目费用分析

序号	项目名称	造价（万元）	直接费比例（%）			
			人工费	材料费	机械费	管理费和利润
1	标准段	2039.45	26.34	61.78	3.82	8.06
2	管线分支口	370.09	23.48	66.10	3.23	7.19
3	吊装口+通风口	282.00	19.83	69.99	4.11	6.07
4	分变电所+吊装口+通风口	210.83	21.51	67.60	4.31	6.58
5	逃生口	319.60	16.80	74.80	3.26	5.14
6	地道合建段	238.79	22.59	65.68	4.82	6.91
7	雨水接入点	156.06	25.39	61.85	4.99	7.77
8	污水接入点	73.75	19.96	69.31	4.62	6.11
9	倒虹段	218.86	24.76	62.91	4.75	7.58
10	土方工程	1581.87	12.13	23.39	60.77	3.71
11	地基处理	591.95	29.55	26.50	34.90	9.05
12	围护工程	3367.23	16.02	56.86	22.22	4.90

注：各项目造价包含措施费、规费、税金及其他项目。

5. 部分主要材料消耗量指标（见表12-5）

表12-5 部分主要材料消耗量指标

序号	项目名称	单位	消耗量	百米消耗量	单价（元）
1	钢筋φ10以内	t	37.37	3.25	3473.96
2	钢筋φ10以上	t	2367.94	205.91	3704.01
3	热轧带肋钢筋φ32	t	39.44	3.43	3489.27
4	其他钢材	t	435.22	37.85	3351.23
5	水泥 42.5 MPa	t	17131.12	1489.66	416.13
6	水泥 32.5 MPa	t	123.86	10.77	315.32
7	预拌混凝土 C20	m³	3143.69	273.36	424.27
8	预拌混凝土 C30	m³	1755.47	152.65	450.49
9	预拌混凝土 C35	m³	9560.61	831.36	455.34
10	预拌混凝土 C40	m³	5924.47	515.17	458.25
11	黄砂（中粗）	t	33296.12	2895.31	96.12
12	钢模板	kg	28805.34	2504.81	4.69
13	遇水膨胀弹性橡胶条	m	8985.12	781.31	45.00
14	电力电缆 ZB-YJV-10kV 3×70	m	10000.00	869.57	186.53
15	预分支电缆-干线 FZ-ZB-YJV-1kV-3×120+2×60	m	800.00	69.57	456.65
16	预分支电缆-干线 FZ-ZB-YJV-1kV-3×95+2×50	m	1400.00	121.74	353.49
17	预分支电缆-干线 FZ-ZBN-YJV-1kV-3×70+2×35	m	1200.00	104.35	394.22
18	电力电缆 ZB-YJV-1kV 5×10	m	2500.00	217.39	44.9
19	电力电缆 ZB-YJV-1kV 5×4	m	1200.00	104.35	20.92
20	控制电缆 ZB-KVV-450/750V 7×1.5	m	2500.00	217.39	8.8
21	综合人工	工日	131940.54	11473.09	157

十三、内蒙古自治区××市

1. 工程概况及项目特征（见表13-1）

表13-1　工程概况及项目特征

项目名称	内 容 说 明			
工程名称	××市××大道综合管廊工程			
建设地点	××市××大道			
价格取定日期	2016年4月材料信息价			
管廊总长度	6700m			
标准断面布置形式	三舱			
建设地点类型	结合新建道路实施			
入廊管线	给水、中水、热力、电力、通信			
管廊类型	现浇钢筋混凝土综合管廊			
断面结构尺寸	净宽×净高	底板厚	外壁厚	顶板厚
	（2.0+3.0+5.8）m×3.5m	600mm	600（400）mm	600mm
支架形式	复合材料型支架			
覆土深度	管廊覆土深度2.8m			
开挖形式	放坡开挖，部分较深基坑采用灌注桩围护			
地基处理	冻土挖除，换填砂砾			
降水形式	井点降水			
基坑围护方式	部分较深基坑采用钻孔灌注桩围护			
管线引出形式	套管引出排管，过路排管采用混凝土包封或钢套管			

2. 设备配置及安装工程（见表13-2）

表13-2　设备配置及安装工程

项目名称	内 容 说 明
仪表及自控工程	含自控系统、检测仪表、数字光纤电话系统、火灾报警及联动控制系统、配套软件及电缆等安装工程
消防、排水工程	高压细水雾灭火装置、手提式磷酸铵盐干粉灭火器、防毒面具、潜水排污泵及附属安装工程
暖通工程	混流风机（防爆型）、电动防火阀及附属安装工程
电气工程	综合管廊进行供电设计，含埋地式变压器、低压配电系统、应急配电系统及照明系统等

3. 工程经济指标（见表13-3）

表13-3　工程经济指标

序号	项目名称	造价（万元）	长度指标（万元/km）	占总造价比例（%）
一	土建工程	47672.28	7115.27	81.59
1	主体结构	36500.39	5447.82	62.47
1.1	标准段	16720.15	2495.55	28.62
1.2	特殊段	19780.24	2952.27	33.85
2	控制中心	332.96	49.70	0.57
3	地基处理	866.55	129.34	1.48
4	基坑围护	5065.69	756.07	8.67
5	排管工程	2896.69	432.34	4.96
6	管廊支架	2010.00	300.00	3.44
二	安装工程	6381.85	952.51	10.92
1	排水消防	149.44	22.30	0.26
2	电气工程	6007.82	896.69	10.28
3	监控仪表	187.66	28.01	0.32
4	通风工程	36.93	5.51	0.06

续表 13-3

序号	项目名称	造价（万元）	长度指标（万元/km）	占总造价比例（%）
三	设备工程	4373.40	652.75	7.49
1	排水及消防	1245.30	185.87	2.13
2	电气工程	870.45	129.92	1.49
3	监控仪表	1906.62	284.57	3.26
4	通风工程	307.73	45.93	0.53
5	工器具购置	43.30	6.46	0.07
四	工程费用合计	58427.53	8720.53	100.00

4. 部分土建项目费用分析（见表13-4）

表13-4　部分土建项目费用分析

序号	项目名称	造价（万元）	直接费比例（%）				
			人工费	材料费	机械费	管理费	利润
1	标准段	16720.15	15.55	63.49	9.00	6.81	5.15
2	吊装口	1496.51	14.86	66.27	7.81	6.30	4.76
3	综合通风口	4489.38	15.37	65.70	7.63	6.45	4.85
4	燃气通风口	2885.67	15.58	66.21	6.62	6.60	4.99
5	引出口（一）	2584.11	14.81	67.21	6.87	6.33	4.78
6	引出口（二）	894.00	15.61	64.40	7.31	7.22	5.46
7	引出口（三）	1043.21	15.00	64.80	8.60	6.61	4.99
8	引出口（四）	2584.11	14.81	67.21	6.87	6.33	4.78
9	倒虹段	2752.61	16.05	60.53	10.66	7.27	5.49
10	端部井	77.24	14.76	66.67	7.48	6.30	4.79
11	控制中心连接段	314.89	15.19	66.49	7.14	6.37	4.81
12	分变电所	448.33	14.54	66.83	7.64	6.26	4.73
13	转换段	210.18	15.90	61.78	9.40	7.36	5.56
14	地基处理	866.55	15.38	39.67	27.86	9.74	7.35
15	基坑围护	5065.69	8.81	78.94	5.23	4.00	3.02

注：各项目造价包含措施费、规费、税金及其他项目。

5. 部分主要材料消耗量指标（见表13-5）

表13-5 部分主要材料消耗量指标

序号	项目名称	单位	消耗量	百米耗量	单价（元）
1	钢筋φ10以内	t	10123.34	151.09	2890.00
2	钢筋φ10以上	t	24733.50	369.16	3000.00
3	其他钢材	t	439.58	6.56	4.50
4	水泥 32.5MPa	t	1135.07	16.94	210.00
5	中粗砂	t	6448.81	96.25	43.00
6	碎石	m³	1645.14	24.55	66.00
7	天然砂砾石	m³	111412.20	1662.87	28.00
8	预拌混凝土 C30	m³	180058.08	2687.43	305.00
9	预拌混凝土 C20	m³	19974.29	298.12	255.00
10	预拌混凝土 C15	m³	22022.97	328.70	235.00
11	组合钢模板	kg	230367.66	3438.32	3.60
12	遇水膨胀弹性橡胶条	m	21663.39	323.33	49.84
13	电力电缆ZB-YJV-10kV 3×95	m	15000.00	223.88	476.31
14	预分支电缆-干线FZ-ZBNH-YJV-0.6/1kV-3×120+2×70	m	15840.00	236.42	751.88
15	预分支电缆-干线FZ-ZB-YJV-0.6/1kV-3×120+2×70	m	10560.00	157.61	751.88
16	预分支电缆-干线FZ-ZB-YJV-0.6/1kV-3×150+2×70	m	3300.00	49.25	813.40
17	电力电缆FZ-ZB-YJV-0.6/1kV 5×25	m	16800.00	250.75	159.22
18	电力电缆FZ-ZB-YJV-0.6/1kV 5×10	m	23400.00	349.25	67.34
19	塑料铜芯线ZBNH-BV-450/750kV 1×2.5	m	117600.00	1755.22	3.86
20	电力电缆ZB-YJV-0.6/1kV 4×6	m	13125.00	195.90	36.55
21	综合人工	工日	1253352.72	18706.76	52.00

注：该单价为营改增前市场价。

十四、湖北省××市

1. 工程概况及项目特征（见表14-1）

表14-1　工程概况及项目特征

项目名称	内　容　说　明			
工程名称	××市××区地下综合管廊工程××大道项目			
建设地点	××市××大道			
价格取定日期	2017年4月材料信息价			
管廊总长度	4410m			
标准断面布置形式	双舱			
建设地点类型	结合新建道路实施			
入廊管线	给水、电力、通信			
管廊类型	现浇钢筋混凝土综合管廊			
断面结构尺寸	净宽×净高	底板厚	外壁厚	顶板厚
	（2.6+3.1)m×2.8m	300mm	300mm	300mm
支架形式	镀锌钢支架			
覆土深度	管廊覆土深度2.5m			
开挖形式	大开挖结合支护下开挖			
地基处理	地基承载力满足要求，无需另行处理			
降水形式	管井降水			
基坑围护方式	钢板桩围护，埋深较大部分采用灌注桩+旋喷桩围护形式			
管线引出形式	套管引出排管，过路排管采用混凝土包封或钢套管			

2. 设备配置及安装工程（见表14-2）

表14-2　设备配置及安装工程

项目名称	内容说明
仪表及自控工程	含自控系统、检测仪表、数字光纤电话系统、火灾报警及联动控制系统、配套软件及电缆等安装工程
消防、排水工程	高压细水雾灭火装置、手提式磷酸铵盐干粉灭火器、防毒面具、潜水排污泵及附属安装工程
暖通工程	混流风机（防爆型）、电动防火阀及附属安装工程
电气工程	综合管廊进行供电设计，含埋地式变压器、低压配电系统、应急配电系统及照明系统等

3. 工程经济指标（见表14-3）

表14-3　工程经济指标

序号	项目名称	造价（万元）	长度指标（万元/km）	占总造价比例（%）
一	土建工程	37756.80	8557.75	87.04
1	主体结构	14227.40	3224.71	32.80
1.1	标准段	7056.24	1599.33	16.27
1.2	特殊段	7171.16	1625.38	16.53
2	土方及围护	20079.14	4551.03	46.29
3	管廊支架	1522.14	345.00	3.51
4	排管工程	1928.12	437.02	4.44
二	安装工程	2487.76	563.86	5.73
1	排水消防	237.08	53.73	0.55
2	电气工程	2051.77	465.04	4.73
3	监控仪表	180.86	40.99	0.42
4	通风工程	18.06	4.09	0.04

续表14-3

序号	项目名称	造价（万元）	长度指标（万元/km）	占总造价比例（%）
三	设备工程	3135.35	710.64	7.23
1	排水消防	1580.51	358.23	3.64
2	电气工程	97.65	22.13	0.23
3	监控仪表	1305.75	295.95	3.01
4	通风工程	120.40	27.29	0.28
5	工器具购置	31.04	7.04	0.07
四	工程费用合计	43379.91	9832.26	100.00

4. 部分土建项目费用分析（见表14-4）

表14-4　部分土建项目费用分析

序号	项目名称	造价（万元）	直接费比例（%）				
			人工费	材料费	机械费	管理费	利润
1	标准段	7056.24	14.41	70.84	1.96	6.40	6.39
2	引出口	2360.28	11.45	74.24	1.99	6.14	6.18
3	倒虹段（一）	486.78	13.13	72.13	2.15	6.26	6.33
4	倒虹段（二）	72.56	13.15	72.07	2.16	6.27	6.35
5	倒虹段（三）	85.27	12.97	72.28	2.14	6.27	6.34
6	倒虹段（四）	81.34	13.11	72.14	2.15	6.27	6.33
7	倒虹段（五）	53.21	13.02	72.22	2.15	6.27	6.34
8	电力连接通道	294.95	12.23	73.09	2.31	6.15	6.22
9	吊装口	75.27	13.28	72.12	2.15	6.22	6.23
10	通风口	3381.73	10.14	75.96	1.58	6.20	6.12
11	分变电所	213.22	12.25	73.44	1.79	6.27	6.25
12	端部井	66.54	11.31	74.44	1.93	6.15	6.17
13	土方及围护	20079.14	10.18	34.01	43.73	6.59	5.49

注：各项目造价包含措施费、规费、税金及其他项目。

5. 部分主要材料消耗量指标（见表14-5）

表14-5 部分主要材料消耗量指标

序号	项 目 名 称	单位	消耗量	百米消耗量	单价（元）
1	钢筋φ10以内	t	3217.89	72.94	3983.23
2	钢筋φ10以上	t	8080.30	183.14	3902.54
3	其他钢材	t	400.22	9.07	3498.56
4	水泥 32.5MPa	t	6869.94	155.71	326.00
5	中粗砂	m³	2397.07	54.33	114.76
6	碎石	m³	1752.42	39.72	96.72
7	粉煤灰	t	1524.49	34.55	0.16
8	预拌混凝土 C20	m³	15826.58	358.72	322.59
9	预拌混凝土 C30	m³	19609.07	444.45	366.55
10	预拌混凝土 C35	m³	46723.65	1059.01	389.40
11	组合钢模板	kg	84321.72	1911.19	3.96
12	电力电缆 ZB-YJV-10kV 3×95	m	10000.00	226.65	250.00
13	预分支电缆-干线 FZ-ZB-YJV-1kV-3×120+2×70	m	10000.00	226.65	350.00
14	预分支电缆-干线 FZ-NG-A-YJV-1kV-3×120+2×70	m	10000.00	226.65	330.00
15	电力电缆 ZB-YJV-1kV 5×10	m	15000.00	339.98	35.00
16	控制电缆 NG-A-KVV-450/750V 4×1.5	m	10000.00	226.65	6.00
17	节能彩钢托盘式电缆桥架 W600mm×H150mm，防腐，外涂防火漆	m	10000.00	226.65	500.00
18	BED70℃电动防烟防火阀	个	104.00	2.36	2520.00
19	普工	工日	297414.28	6741.03	60.00
20	技工	工日	360829.45	8178.36	86.00

十五、贵州省××市

1. 工程概况及项目特征（见表15-1）

表15-1 工程概况及项目特征

项目名称	内 容 说 明			
工程名称	××市××区地下综合管廊			
建设地点	××市××路			
价格取定日期	2017年3月材料信息价			
管廊总长度	4250m			
标准断面布置形式	双舱			
建设地点类型	结合新建道路实施			
入廊管线	给水、中水、污水、燃气、电力、通信			
管廊类型	现浇钢筋混凝土综合管廊			
断面结构尺寸	净宽×净高	底板厚	外壁厚	顶板厚
	（1.8+3.5）m×2.8m	400mm	400mm	400mm
支架形式	镀锌钢支架			
覆土深度	管廊平均覆土深度为三等级，3.0m～3.5m，3.5m～6.5m，6.5m～10.2m			
开挖形式	支护下开挖			
地基处理	砂石垫层，回填碎石			
降水形式	基坑明排水			
基坑围护方式	喷锚护坡			
管线引出形式	套管引出排管，过路排管采用混凝土包封或钢套管			

2. 设备配置及安装工程（见表15-2）

表15-2　设备配置及安装工程

项目名称	内 容 说 明
仪表及自控工程	含监控设备、检测仪表、安保系统、光纤电话、出入口控制系统、APP流动巡检及故障报修系统、配套软件及电缆等安装工程
消防、排水工程	气溶胶灭火装置、手提式磷酸铵盐干粉灭火器、潜水排污泵及附属安装工程
暖通工程	混流风机（防爆型）、分体式空调、电动防火阀及附属安装工程
电气工程	综合管廊进行供电设计，含埋地式变压器、低压配电系统、应急配电系统及照明系统等，监控中心包括变压器、环网柜、低压配电以及电缆等附属安装工程

3. 工程经济指标（见表15-3）

表15-3　工程经济指标

序号	项目名称	造价（万元）	长度指标（万元/km）	占总造价比例（%）
一	土建工程	19889.88	4679.97	75.66
1	主体结构	8074.09	1899.79	30.71
1.1	标准段	4210.94	990.81	16.01
1.2	特殊段	3863.15	908.98	14.70
2	土方工程	3663.38	861.97	13.94
3	基坑支护	4050.09	952.96	15.41
4	监控中心	825.00	194.12	3.14
5	管廊支架	1275.00	300.00	4.85
6	排管工程	2002.33	471.14	7.62
二	安装工程	657.86	154.79	2.50
1	消防工程	57.46	13.52	0.22
2	电气工程	304.46	71.64	1.16

续表15-3

序号	项目名称	造价（万元）	长度指标（万元/km）	占总造价比例（%）
3	监控仪表	221.82	52.19	0.84
4	通风工程	16.04	3.77	0.06
5	真空排水设备	58.09	13.67	0.22
三	设备工程	5739.59	1350.49	21.83
1	消防工程	478.80	112.66	1.82
2	电气工程	2537.13	596.97	9.65
3	监控仪表	2048.53	482.01	7.79
4	通风工程	133.64	31.44	0.51
5	真空排水设备	484.10	113.91	1.84
6	工器具购置	57.40	13.50	0.22
四	工程费用合计	26287.33	6185.26	100.00

4. 部分土建项目费用分析（见表15-4）

表15-4 部分土建项目费用分析

序号	项目名称	造价（万元）	直接费比例（%）				
			人工费	材料费	机械费	企业管理费	利润
一	××路综合管廊	—	—	—	—	—	—
1	标准段	2204.75	21.52	71.74	1.39	3.62	1.73
2	倒虹段（一）	33.48	21.75	71.28	1.44	3.74	1.79
3	倒虹段（二）	181.68	21.83	70.97	1.48	3.87	1.85
4	A型排风口	183.67	17.44	77.26	1.18	2.78	1.34
5	B型排风口	151.03	18.66	75.66	1.27	2.98	1.43
6	A型进风口	288.04	18.39	76.00	1.23	2.96	1.42
7	B型进风口	180.86	18.58	75.73	1.27	2.99	1.43
8	A型吊装口	134.64	18.97	75.14	1.32	3.09	1.48

续表15-4

序号	项目名称	造价（万元）	直接费比例（%）				
			人工费	材料费	机械费	企业管理费	利润
9	B型吊装口	131.84	19.10	75.05	1.32	3.06	1.47
10	管线引出端	388.83	18.89	75.21	1.23	3.16	1.51
11	交叉口	83.77	21.58	71.33	1.49	3.78	1.82
12	端头井	116.17	20.07	73.74	1.32	3.29	1.58
13	人员进出口	68.83	22.25	70.69	1.53	3.74	1.79
14	土方工程	2051.41	19.73	16.14	55.67	6.84	1.62
15	支护工程	2229.37	37.27	54.74	7.38	0.41	0.20
二	××路综合管廊	—	—	—	—	—	—
1	标准段	2006.19	21.52	71.74	1.39	3.62	1.73
2	倒虹段（一）	150.53	21.75	71.28	1.44	3.74	1.79
3	倒虹段（二）	63.99	21.83	70.97	1.48	3.86	1.86
4	A型排风口	183.67	17.44	77.26	1.18	2.79	1.33
5	B型排风口	151.03	18.66	75.66	1.27	2.98	1.43
6	A型进风口	240.04	18.39	76.00	1.23	2.96	1.42
7	B型进风口	150.72	18.58	75.73	1.27	2.99	1.43
8	A型吊装口	161.57	18.97	75.14	1.33	3.08	1.48
9	B型吊装口	158.21	19.10	75.05	1.32	3.06	1.47
10	管线引出端	388.83	18.89	75.21	1.23	3.16	1.51
11	交叉口	86.71	21.67	71.14	1.51	3.84	1.84
12	端头井	116.17	20.07	73.74	1.32	3.29	1.58
13	人员进出口	68.83	22.25	70.69	1.53	3.74	1.79
14	土方工程	1611.97	20.38	16.43	54.73	6.82	1.64
15	支护工程	1820.72	36.48	55.69	7.13	0.47	0.23

注：各项目造价包含措施费、规费、税金及其他项目。

5. 部分主要材料消耗量指标（见表15-5）

表15-5　部分主要材料消耗量指标

序号	项 目 名 称	单位	消耗量	百米消耗量	单价（元）
1	钢筋ϕ10以内	t	1822.17	42.87	3615.00
2	钢筋ϕ10以上	t	6662.80	156.77	3619.00
3	其他钢材	t	1771.83	41.69	3598.00
4	水泥32.5MPa	t	154.47	3.63	231.00
5	水泥42.5MPa	t	2037.57	47.94	286.00
6	石砂（粗）	t	5061.78	119.10	22.00
7	碎石	t	8257.50	194.29	34.00
8	中粗砂	m³	9389.90	220.94	63.11
9	预拌混凝土 C15	m³	5560.14	130.83	270.00
10	预拌混凝土 C25	m³	11474.82	270.00	280.00
11	预拌混凝土 C40	m³	43228.27	1017.14	330.00
12	耐根穿刺反应粘贴型高分子湿铺防水卷材	m²	31422.81	739.36	70.00
13	改性沥青卷材（3mm）	m²	76876.62	1808.86	30.77
14	橡胶止水带	m	12919.89	304.00	61.51
15	组合钢模板	kg	17876.16	420.62	3.16
16	阻燃电力电缆 ZA-YJV-0.6/1 5×16及以下	m	24000.00	564.71	60.00
17	阻燃电力电缆 ZA-YJV-0.6/1 3×2.5	m	22000.00	517.65	9.17
18	阻燃电力电缆 ZAN-YJV-0.6/1 5×6	m	13000.00	305.88	35.83
19	预分支阻燃耐火电力电缆 FZ-ZA-YJV-0.6/1-3×95+2×50	m	6000.00	141.18	284.00
20	预分支阻燃耐火电力电缆 FZ-ZAN-YJV-0.6/1 3×50+2×25	m	6000.00	141.18	164.00
21	综合人工	工日	405589.05	9543.27	67.6

十六、上海市××区

1. 工程概况及项目特征（见表16-1）

表16-1 工程概况及项目特征

项目名称	内 容 说 明			
工程名称	上海××区××城综合管廊工程（一期）			
建设地点	上海市××区			
价格取定日期	2016年10月材料信息价			
管廊总长度	3670m			
标准断面布置形式	单舱、双舱			
建设地点类型	新城区结合道路实施			
入廊管线	电力、给水、通信、供冷、供热、燃气			
管廊类型	现浇钢筋混凝土综合管廊			
断面结构尺寸	净宽×净高	底板厚	外壁厚	顶板厚
	2.9m×3.2m	300mm	300mm	300mm
	2.6m×3.2m+5.1m×5.3m	600mm	600mm	400mm
	（2.6+4.8)m×3.9m	500mm	500mm	500mm
	（2.6+7.1)m×4.3m	700mm	700mm	700mm
支架形式	镀锌钢支架			
覆土深度	覆土深度3.0m			
开挖形式	支护下开挖			
地基处理	深层水泥搅拌桩			
降水形式	井点降水			
基坑围护方式	SMW工法桩围护、钻孔灌注桩围护			
管线引出形式	套管引出排管，过路排管采用混凝土包封或钢套管			

2. 设备配置及安装工程（见表16-2）

表16-2　设备配置及安装工程

项目名称	内容说明
仪表及自控工程	含现场控制系统、检测仪表、安保系统、数字光纤电话系统、火灾报警及联动控制系统、配套软件及电缆等安装工程
消防、排水工程	超细干粉自动灭火装置、手提式磷酸铵盐干粉灭火器、防毒面具、潜水排污泵及附属安装工程
暖通工程	排风机、送风机、电动防火阀及附属安装工程
电气工程	控制中心高压柜、计量屏、变压器、不间断电源、应急照明及电缆等安装工程，综合管廊埋地式变压器、配电柜、应急照明及电缆等安装工程

3. 工程经济指标（见表16-3）

表16-3　工程经济指标

序号	项目名称	造价（万元）	长度指标（万元/km）	占总造价比例（%）
一	土建工程	34367.17	9364.35	90.41
1	标准段主体结构	9960.88	2714.14	26.20
1.1	标准段	4722.01	1286.65	12.42
1.2	特殊段	5238.87	1427.48	13.78
2	土方工程	7540.10	2054.52	19.84
3	地基处理	5244.73	1429.08	13.80
4	围护工程	10075.52	2745.37	26.51
5	排管工程	864.00	235.42	2.27
6	管廊支架	681.95	185.82	1.79
二	安装工程	415.31	113.16	1.09
1	电气工程	200.69	54.68	0.53
2	自控工程	146.17	39.83	0.38
3	消防及排水	61.01	16.62	0.16

续表 16-3

序号	项目名称	造价（万元）	长度指标（万元/km）	占总造价比例（%）
4	暖通工程	7.43	2.03	0.02
三	设备工程	3230.38	880.21	8.50
1	电气工程	1672.42	455.70	4.40
2	监控工程	955.58	260.38	2.51
3	消防及排水	508.44	138.54	1.34
4	暖通工程	61.96	16.88	0.16
5	工器具购置	31.98	8.71	0.08
四	工程费用合计	38012.85	10357.73	100.00

4. 部分土建项目费用分析（见表16-4）

表16-4　部分土建项目费用分析

序号	项目名称	造价（万元）	直接费比例（%）			
			人工费	材料费	机械费	管理费和利润
一	××路综合管廊	—	—	—	—	—
1	主体结构	502.07	28.28	55.40	7.67	8.65
2	土方工程	935.40	37.85	2.35	48.21	11.59
3	基坑围护 SMW 工法桩	1365.62	13.80	55.20	26.77	4.23
4	地基处理 双轴搅拌桩	525.94	31.44	21.15	37.79	9.62
5	通风吊装口	204.28	23.37	63.94	5.53	7.16
6	引出口（一）	69.02	24.18	61.45	6.97	7.40
7	端部井	19.93	20.96	66.64	5.98	6.42
8	分变电所	42.69	22.33	64.32	6.51	6.84
9	倒虹段	127.28	29.95	52.87	8.01	9.17
二	××路综合管廊	—	—	—	—	—
1	主体结构	497.80	28.27	55.45	7.63	8.65
2	土方工程	954.39	37.51	2.35	48.66	11.48

续表16-4

序号	项目名称	造价（万元）	直接费比例（%）			
			人工费	材料费	机械费	管理费和利润
3	基坑围护 SMW 工法桩	1371.30	18.18	72.74	3.51	5.57
4	地基处理 双轴搅拌桩	528.14	31.44	21.15	37.79	9.62
5	通风吊装口	204.28	23.37	63.94	5.53	7.16
6	引出口（一）	69.02	24.18	61.45	6.97	7.40
7	端部井（一）	19.93	20.96	66.64	5.98	6.42
8	分变电所	42.69	22.33	64.32	6.51	6.84
9	倒虹段	127.28	29.95	52.87	8.01	9.17
三	××路综合管廊	—	—	—	—	—
1	主体结构	149.589	26.73	57.21	7.88	8.18
2	土方工程	405.28	35.47	2.95	50.72	10.86
3	基坑围护 SMW 工法桩	442.73	17.80	52.75	24.00	5.45
4	地基处理 双轴搅拌桩	300.78	30.07	23.90	36.82	9.21
5	燃气舱通风口（一）	120.30	24.24	61.53	6.81	7.42
6	综合舱通风口（一）	201.50	20.83	66.93	5.86	6.38
7	燃气舱吊装口（一）	72.41	29.19	54.66	7.22	8.93
8	端部井（一）	158.90	24.88	59.85	7.66	7.61
四	××路综合管廊	—	—	—	—	—
1	主体结构	1464.92	26.62	57.39	7.84	8.15
2	土方工程	2484.74	36.16	3.25	49.52	11.07
3	基坑围护 SMW 工法桩	3449.71	17.73	52.87	23.97	5.43
4	地基处理 双轴搅拌桩	2099.73	30.28	23.53	36.92	9.27
5	综合舱通风口（二）	317.68	25.37	59.56	7.30	7.77
6	综合舱吊装口（一）	240.40	25.90	58.70	7.47	7.93
7	引出口（一）	150.31	25.26	59.35	7.66	7.73
8	引出口（二）	411.37	25.19	59.56	7.54	7.71
9	交叉口	242.90	26.92	57.27	7.57	8.24

续表 16-4

序号	项目名称	造价（万元）	直接费比例（%）			
			人工费	材料费	机械费	管理费和利润
10	双舱倒虹	393.26	25.41	58.97	7.84	7.78
11	控制中心连接段	187.64	25.84	58.50	7.75	7.91
五	××路综合管廊	—	—	—	—	—
1	主体结构	1407.32	26.25	57.74	7.97	8.04
2	土方工程	1295.37	34.24	3.24	52.05	10.47
3	基坑围护 SMW工法桩	1283.41	16.21	54.46	24.37	4.96
4	地基处理 双轴搅拌桩	980.20	30.45	23.15	37.08	9.32
5	综合舱通风口（一）	547.12	19.90	68.15	5.86	6.09
6	综合舱吊装口（一）	105.55	25.29	59.59	7.39	7.73
7	引出口（一）	142.13	25.46	58.95	7.80	7.79
8	端部井（二）	139.02	23.78	61.54	7.40	7.28
六	××路综合管廊	—	—	—	—	—
1	主体结构	200.79	28.27	55.40	7.67	8.66
2	土方工程	512.14	37.88	2.32	48.21	11.59
3	基坑围护 SMW工法桩	781.85	14.10	55.98	25.61	4.31
4	地基处理 双轴搅拌桩	286.48	31.28	21.46	37.69	9.57
5	通风吊装口	204.28	25.28	59.59	7.39	7.74
6	引出口（一）	34.51	25.28	59.59	7.39	7.74
7	端部井（一）	19.93	23.78	61.54	7.40	7.28
8	倒虹段	111.40	26.30	57.88	7.77	8.05
七	××路综合管廊	—	—	—	—	—
1	主体结构	499.53	28.27	55.45	7.63	8.65
2	土方工程	952.78	37.32	2.43	48.83	11.42
3	基坑围护 SMW工法桩	1380.90	18.18	72.74	3.51	5.57
4	地基处理 双轴搅拌桩	523.46	31.44	21.15	37.79	9.62
5	通风吊装口	306.41	23.38	63.94	5.53	7.15

续表16-4

序号	项目名称	造价（万元）	直接费比例（%）			
			人工费	材料费	机械费	管理费和利润
6	引出口（一）	69.02	24.18	61.45	6.97	7.40
7	端部井（二）	19.93	20.96	66.64	5.98	6.42
8	分变电所	42.69	22.33	64.32	6.51	6.84
9	倒虹段	73.81	29.95	52.86	8.02	9.17

注：各项目造价包含措施费、规费、税金及其他项目。

5. 部分主要材料消耗量指标（见表16-5）

表16-5　部分主要材料消耗量指标

序号	项目名称	单位	消耗量	百米消耗量	单价（元）
1	圆钢φ10以内	t	535.55	14.59	2441.00
2	圆钢φ10以上	t	7770.12	211.72	2387.70
3	其他钢材	t	1429.27	38.94	2449.28
4	预拌混凝土 C20	m³	6859.67	186.91	336.89
5	预拌混凝土 C30	m³	10684.90	291.14	351.46
6	预拌混凝土 C35	m³	40306.05	1098.26	373.79
7	水泥 32.5MPa	t	71596.80	1950.87	263.84
8	黄砂（中粗）	t	1293.03	35.23	58.25
9	碎石	t	11173.22	304.45	67.48
10	钢边橡胶止水带	m	7184.64	195.77	96.06
11	电力电缆 ZB-YJV-1kV 4×6	m	7040.00	192.00	17.00
12	电力电缆 NG-A-1kV 3×4	m	4000.00	109.00	9.00
13	电力电缆 NG-A-1kV 3×4	m	10080.00	275.00	14.00
14	电力电缆 ZB-VV-1kV 5×6	m	1100.00	30.00	33.00
15	电力电缆 ZB-YJV-10kV 3×95	m	3000.00	82.00	277.00
16	电力电缆 ZB-YJV-1kV 3×4	m	7040.00	192.00	9.00

续表 16-5

序号	项目名称	单位	消耗量	百米消耗量	单价（元）
17	电力电缆 ZB-YJV-1kV 5×10	m	21120.00	575.00	35.00
18	电力电缆 ZB-YJV-1kV 5×25	m	7040.00	192.00	84.00
19	接地干线热镀锌扁钢 ▬40×6	m	4000.00	109.00	8.00
20	接地干线热镀锌扁钢 ▬40×6	m	10080.00	275.00	5.00
21	节能彩钢托盘式电缆 KJQG：$W600mm×H150mm$	m	7040.00	192.00	300.00
22	控制电缆 NG-A-450/750V 4×1.5	m	7040.00	192.00	7.00
23	控制电缆 NG-A-450/750V 7×1.5	m	5040.00	137.00	13.00
24	控制电缆 ZB-KVV-450/750V 10×1.5	m	5040.00	137.00	12.00
25	控制电缆 ZB-KVV-450/750V 7×1.5	m	7040.00	192.00	8.00
26	预分支电缆-干线 FZ-NG-A-1kV-3×95+2×50	m	4500.00	123.00	257.00
27	预分支电缆-干线 FZ-NG-A-1kV-3×95+2×50	m	2000.00	54.00	390.00
28	预分支电缆-干线 FZ-ZB-YJV-1kV-3×95+2×50	m	2500.00	68.00	257.00
29	预分支电缆-干线 FZ-ZB-YJV-1kV-3×95+2×50	m	2000.00	54.00	386.00
30	综合人工	工日	466199.16	12702.97	129.00

十七、广东省××市××商务区

1. 工程概况及项目特征（见表17-1）

表17-1 工程概况及项目特征

项目名称	内 容 说 明			
工程名称	广东省××市××商务区×共同沟工程			
建设地点	广东省××市××区			
价格取定日期	2017年10月材料信息价			
管廊总长度	1029m			
标准断面布置形式	单舱			
建设地点类型	新城区结合道路实施			
入廊管线	通信、给水、中水、垃圾			
管廊类型	现浇钢筋混凝土综合管廊			
断面结构尺寸	净宽×净高	底板厚	外壁厚	顶板厚
	3.3m×3.0m	400mm	400mm	400mm
支架形式	镀锌钢支架			
覆土深度	覆土深度3.0m			
开挖形式	支护下开挖			
地基处理	PHC管桩、水泥搅拌桩			
降水形式	基坑明排水			
基坑围护方式	SMW工法桩围护			
管线引出形式	套管引出排管，过路排管采用混凝土包封或钢套管			

2. 设备配置及安装工程（见表17-2）

表17-2 设备配置及安装工程

项目名称	内 容 说 明
仪表及自控工程	含现场监控系统、检测仪表、安全防范系统、光纤电话系统、控制中心管理服务设备、出入口控制系统、电子巡查管理系统、无线对讲系统、防火门控制系统、配套软件及电缆等安装工程
消防、排水工程	超细干粉自动灭火装置、手提式磷酸铵盐干粉灭火器、防毒面具、潜水排污泵及附属安装工程
暖通工程	排风机、送风机、电动防火阀及附属安装工程
电气工程	控制中心高压柜、计量屏、变压器、不间断电源、应急照明及电缆等安装工程，综合管廊埋地式变压器、配电柜、应急照明及电缆等安装工程

3. 工程经济指标（见表17-3）

表17-3 工程经济指标

序号	项目名称	造价（万元）	长度指标（万元/km）	占总造价比例（%）
一	土建工程	7917.82	7694.67	90.62
1	主体结构	1845.84	1793.82	21.13
1.1	标准段	912.77	887.04	10.45
1.2	特殊段	933.08	906.78	10.68
2	土方工程	252.23	245.12	2.89
3	围堰工程	232.07	225.53	2.66
4	地基处理工程	1427.42	1387.19	16.34
5	围护工程	3141.42	3052.89	35.95
6	管廊支架	154.35	150.00	1.77
7	引出段管道	136.13	132.29	1.56
8	部分现状管线迁改	728.35	707.83	8.34

续表 17-3

序号	项目名称	造价（万元）	长度指标（万元/km）	占总造价比例（%）
二	安装工程	344.05	334.36	3.94
1	电气工程	270.90	263.26	3.10
2	自控工程	49.48	48.09	0.57
3	消防及排水	13.55	13.17	0.16
4	暖通工程	10.13	9.84	0.12
三	设备工程	475.46	462.06	5.44
1	电气工程	49.78	48.37	0.57
2	监控工程	412.34	400.72	4.72
3	消防及排水	8.58	8.34	0.10
4	工器具购置	4.75	4.62	0.05
四	工程费用合计	8737.33	8491.09	100.00

4. 部分土建项目费用分析（见表17-4）

表 17-4　部分土建项目费用分析

序号	项目名称	造价（万元）	直接费比例（%）				
			人工费	材料费	机械费	管理费	利润
1	标准段 1	488.33	22.12	70.76	1.55	1.60	3.97
2	标准段 2	424.44	21.84	71.06	1.59	1.58	3.93
3	倒虹段	191.93	21.65	71.30	1.58	1.57	3.90
4	吊装口兼进风口	203.31	19.40	74.21	1.48	1.42	3.49
5	排风口	196.91	18.34	75.60	1.42	1.34	3.30
6	端头井兼进风口	63.64	19.49	74.09	1.49	1.42	3.51
7	人员出入口	45.34	21.86	70.93	1.68	1.59	3.94
8	电力、电信管引出端	124.16	19.75	73.78	1.49	1.43	3.55
9	给水、中水及垃圾管引出端	79.71	21.76	71.11	1.63	1.58	3.92

续表 17-4

序号	项目名称	造价（万元）	直接费比例（%）				
			人工费	材料费	机械费	管理费	利润
10	丁字形交叉口	28.07	21.45	71.52	1.61	1.56	3.86
11	土方工程	252.23	37.74	—	50.57	4.92	6.77
12	地基处理	—	—	—	—	—	—
12.1	地基处理PHC管桩	409.14	5.12	74.47	17.32	2.17	0.92
12.2	地基处理搅拌桩	1018.28	20.35	33.65	39.02	3.32	3.66
13	围护工程	3141.42	18.17	36.00	36.00	6.56	3.27

注：各项目造价包含措施费、规费、税金及其他项目。

5. 部分主要材料消耗量指标（见表17-5）

表 17-5　部分主要材料消耗量指标

序号	项 目 名 称	单位	消耗量	百米消耗量	单价（元）
1	圆钢φ10以内	t	305.91	29.73	4932.00
2	圆钢φ10以上	t	1248.96	121.38	4932.00
3	其他钢材	t	472.46	45.91	4600.00
4	预拌混凝土 C20	m³	615.42	59.81	359.00
5	预拌混凝土 C30	m³	8389.67	815.32	390.38
6	沥青混凝土 C15	m³	478.84	46.53	359.45
7	水泥 42.5MPa	t	15111.83	1468.59	448.00
8	橡胶止水带	m	914.76	88.90	37.55
9	阻燃电力电缆 ZA-YJV-0.6/1 5×16及以下	m	8400.00	816.33	55.75
10	阻燃耐火电力电缆 ZAN-YJV-0.6/1 5×4及以下	m	2400.00	233.24	12.87
11	电缆桥架 600×150 镀锌钢	m	1500.00	145.77	500.00
12	阻燃电力电缆 FZ-ZA-YJV-0.6/1 3×70+2×35	m	1000.00	97.18	155.04

续表 17-5

序号	项 目 名 称	单位	消耗量	百米消耗量	单价（元）
13	阻燃耐火电力电缆 FZ–ZAN–YJV–0.6/1 5×16	m	1000.00	97.18	56.15
14	橡胶接头 DN80	个	20.00	1.94	105.30
15	止回阀 DN80	个	20.00	1.94	102.90
16	闸阀 DN80	个	20.00	1.94	452.28
17	综合人工	工日	114740.36	11150.67	108.00

十八、浙江省××市

1. 工程概况及项目特征（见表18-1）

表18-1　工程概况及项目特征

项目名称	内 容 说 明			
工程名称	浙江省××市地下综合管廊一期工程××大道、××路			
建设地点	浙江省××市××区××路			
价格取定日期	2016年12月材料信息价			
管廊总长度	15595m			
标准断面布置形式	三舱			
建设地点类型	结合新建道路实施			
入廊管线	通信、给水、中水、电力、燃气			
管廊类型	现浇钢筋混凝土综合管廊			
断面结构尺寸	净宽×净高	底板厚	外壁厚	顶板厚
	（1.8+2.6+4.3）m×3.5m	350mm	350mm	350mm
	（1.8+1.8+3.2）m×3.2m	350mm	350mm	350mm
	（1.8+2.6+2.6）m×3.2m	350mm	350mm	350mm
支架形式	镀锌钢支架			
覆土深度	覆土深度2.5m			
开挖形式	支护下开挖			
地基处理	高压旋喷桩、水泥搅拌桩			
降水形式	井点降水			
基坑围护方式	拉森钢板桩、钻孔灌注桩结合搅拌桩			
管线引出形式	套管引出排管，过路排管采用混凝土包封或钢套管			

2. 设备配置及安装工程（见表18-2）

表18-2　设备配置及安装工程

项目名称	内容说明
仪表及自控工程	包括分配电中心、管廊内及控制中心设备，现场监控系统、检测仪表、安防系统、光纤电话系统、预警及报警系统、出入口控制系统、电子巡查管理系统、无线对讲系统、火灾报警系统、配套软件及电缆等安装工程
消防、排水工程	超细干粉自动灭火装置、手提式磷酸铵盐干粉灭火器、防毒面具、潜水排污泵及附属安装工程
暖通工程	排风机、送风机、电动防火阀及附属安装工程
电气工程	控制中心高压柜、计量屏、变压器、直流屏、模拟屏、不间断电源、应急照明及电缆等安装工程，综合管廊埋地式变压器、配电柜、应急照明及电缆等安装工程

3. 工程经济指标（见表18-3）

表18-3　工程经济指标

序号	项目名称	造价（万元）	长度指标（万元/km）	占总造价比例（%）
一	土建工程	150744.30	9666.19	89.19
1	主体结构	54664.64	3505.27	32.34
1.1	标准段	26574.07	1704.01	15.72
1.2	特殊段	28090.57	1801.26	16.62
2	管廊支架	3898.75	250.00	2.31
3	土方工程	10023.88	642.76	5.93
4	基坑围护	40883.18	2621.56	24.19
5	地基处理	37526.72	2406.33	22.20
6	引出段管道	3747.12	240.28	2.22
二	安装工程	7742.55	496.48	4.58
1	排水消防	1045.89	67.07	0.62

续表 18-3

序号	项目名称	造价（万元）	长度指标（万元/km）	占总造价比例（%）
2	电气工程	5896.32	378.09	3.49
3	自控工程	736.91	47.25	0.44
4	通风工程	63.43	4.07	0.04
三	设备工程	10532.34	675.37	6.23
1	排水消防	2573.51	165.02	1.52
2	电气工程	1239.35	79.47	0.73
3	自控工程	6190.88	396.98	3.66
4	通风工程	528.60	33.90	0.31
5	工器具购置	105.32	6.75	0.06
四	工程费用合计	169019.18	10838.04	100.00

4. 部分土建项目费用分析（见表18-4）

表 18-4 部分土建项目费用分析

序号	项目名称	造价（万元）	直接费比例（%）			
			人工费	材料费	机械费	综合费用
一	××道综合管廊	—	—	—	—	—
1	综合管廊—三舱	22576.77	17.72	74.13	2.17	5.98
2	综合吊装口	1963.20	17.53	74.55	2.03	5.89
3	燃气吊装口	2141.55	17.44	74.71	2.00	5.85
4	综合通风口	4126.89	15.92	76.79	1.91	5.38
5	综合通风口1	67.42	16.40	76.08	1.98	5.54
6	燃气通风口	2491.46	16.31	76.23	1.96	5.50
7	燃气通风口1	40.41	16.67	75.69	2.01	5.63
8	引出口	3852.20	16.32	76.37	1.85	5.46
9	高压引出口	169.38	17.38	74.84	1.96	5.82
10	疏散口	126.67	16.91	75.38	2.00	5.71

续表 18-4

序号	项目名称	造价（万元）	直接费比例（%）			
			人工费	材料费	机械费	综合费用
11	分变电所及分配电中心	1022.91	15.05	78.47	1.51	4.97
12	端部井	69.72	13.09	80.96	1.54	4.41
13	倒虹段（一）	1900.79	17.86	74.31	1.91	5.92
14	倒虹段（二）	1392.16	17.77	74.40	1.92	5.91
15	交叉口（一）	171.37	18.15	73.97	1.90	5.98
16	倒虹段（一）	69.68	17.61	74.57	1.95	5.87
17	交叉口（二）	1252.34	17.42	74.92	1.88	5.78
18	倒虹段（二）	327.17	17.75	74.31	2.00	5.94
19	土方及降水工程	7663.97	16.21	31.56	31.68	20.55
20	基坑围护	32537.45	22.41	55.44	12.07	10.08
21	地基处理	30775.63	21.78	33.88	25.66	18.68
二	××路综合管廊	—	—	—	—	—
1	三舱标准段	1710.01	19.03	72.24	2.29	6.44
2	综合吊装口	253.16	17.52	74.55	2.04	5.89
3	燃气吊装口	276.72	17.54	74.53	2.04	5.89
4	综合通风口	271.61	16.94	75.27	2.06	5.73
5	综合通风口1	105.32	17.21	74.87	2.09	5.83
6	燃气通风口	195.74	17.56	74.36	2.14	5.94
7	燃气通风口1	74.09	17.61	74.27	2.16	5.96
8	引出口	471.62	15.97	76.89	1.80	5.34
9	分变电所	94.43	16.75	75.55	2.03	5.67
10	倒虹段	420.33	17.97	74.09	1.96	5.98
11	交叉口（一）	182.04	18.19	73.84	1.95	6.02
12	交叉口倒虹口	56.50	17.83	74.21	2.00	5.96
13	土方及降水工程	919.24	18.10	34.38	28.17	19.35
14	基坑围护	3733.82	21.09	56.32	10.93	11.66
15	地基处理	2737.37	21.55	36.41	24.23	17.81

续表18-4

序号	项目名称	造价（万元）	直接费比例（%）			
			人工费	材料费	机械费	综合费用
三	××路综合管廊	—	—	—	—	—
1	三舱 标准段	2287.30	18.95	72.37	2.27	6.41
2	综合吊装口	257.77	17.43	74.68	2.03	5.86
3	燃气吊装口	281.54	17.45	74.67	2.02	5.86
4	综合通风口	463.76	16.83	75.44	2.04	5.69
5	综合通风口1	54.82	17.03	75.17	2.05	5.75
6	燃气通风口	348.19	16.88	75.36	2.05	5.71
7	燃气通风口1	41.14	17.27	74.77	2.11	5.85
8	引出口	628.51	16.15	76.60	1.84	5.41
9	高压引出口	50.14	17.37	74.84	1.97	5.82
10	分变电所	93.64	16.90	75.35	2.03	5.72
11	过河倒虹	1044.47	17.90	74.23	1.93	5.94
12	土方工程	1440.67	17.21	45.12	21.85	15.82
13	基坑围护	4611.91	21.39	54.61	11.79	12.21
14	地基处理	4013.72	21.65	34.38	25.46	18.51

注：各项目造价包含措施费、规费、税金及其他项目。

5. 部分主要材料消耗量指标（见表18-5）

表18-5 部分主要材料消耗量指标

序号	项目名称	单位	消耗量	百米消耗量	单价（元）
1	圆钢φ10以内	t	15851.80	101.65	3096.00
2	圆钢φ10以上	t	44969.02	288.36	2955.00
3	其他钢材	t	664.32	4.26	3025.64
4	预拌混凝土C20	m³	24754.92	158.74	375.00
5	水下预拌混凝土C30	m³	162765.67	1043.70	392.00
6	预拌混凝土C35	m³	251476.72	1612.55	408.00

续表 18-5

序号	项目名称	单位	消耗量	百米消耗量	单价（元）
7	水泥32.5MPa	t	280998.46	1801.85	312.00
8	黄砂（中粗）	t	392634.61	2517.70	92.23
9	石屑	t	174943.51	1121.79	52.14
10	碎石	t	47429.74	304.13	70.87
11	橡胶止水带	m	25367.47	162.66	51.28
12	手动闸阀 DN80，PN1.0MPa	只	216.00	1.39	495.00
13	止回阀 DN80，PN1.0MPa	只	216.00	1.39	1383.00
14	柔性防水套管 DN80	只	129.00	0.83	90.00
15	镀锌钢管 DN80	m	3450.00	22.12	40.00
16	镀锌钢管 DN100	m	3450.00	22.12	53.00
17	电力电缆 ZB-YJV-10kV 3×95	m	32400.00	207.76	184.61
18	电力电缆 ZBN-YJV-1kV 3×185+1×95	m	440.00	2.82	640.57
19	预分支电缆-干线 FZ-ZB-YJV-1kV-3×120+2×60	m	18360.00	117.73	328.94
20	预分支电缆-干线 FZ-ZB-YJV-1kV-3×95+2×50	m	9150.00	58.67	265.19
21	预分支电缆-干线 FZ-ZBN-YJV-1kV-3×70+2×35	m	55020.00	352.81	189.68
22	预分支电缆-分支 FZ-ZB-YJV-1kV-3×35+2×16	m	870.00	5.58	92.01
23	预分支电缆-分支 FZ-ZBN-YJV-1kV-3×35+2×16	m	1740.00	11.16	94.76
24	电力电缆 ZB-YJV-1kV 5×10	m	138600.00	888.75	35.35
25	电力电缆 ZB-YJV-1kV 5×4	m	9240.00	59.25	15.08
26	电力电缆 ZB-YJV-1kV 4×6	m	4280.00	27.44	17.30
27	电力电缆 ZB-YJV-1kV 3×4	m	36720.00	235.46	9.32
28	电力电缆 ZBN-YJV-1kV 5×4	m	9240.00	59.25	15.83
29	电力电缆 ZBN-YJV-1kV 4×6	m	2640.00	16.93	18.17
30	电力电缆 ZBN-YJV-1kV 4×4	m	73440.00	470.92	18.43
31	控制电缆 ZB-KVV-450/750V 7×1.5	m	60984.00	391.05	7.64
32	一类人工	工日	78079.54	500.67	76.00
33	二类人工	工日	2815430.90	18053.42	83.00
34	三类人工	工日	49676.97	318.54	90.00

十九、青海省××市

1. 工程概况及项目特征（见表19-1）

表19-1　工程概况及项目特征

项目名称	内 容 说 明			
工程名称	青海省××市城市地下综合管廊建设工程××片区			
建设地点	青海省××市××区××路			
价格取定日期	2015年6月材料信息价			
管廊总长度	7190m			
标准断面布置形式	双舱、三舱			
建设地点类型	结合新建道路实施			
入廊管线	热力、电力、通信、给水、雨水、污水、燃气			
管廊类型	现浇钢筋混凝土综合管廊			
断面结构尺寸	净宽×净高	底板厚	外壁厚	顶板厚
	（1.8+3.1）m×3.4m+1.0m×1.0m	350mm	350mm	400mm
	（1.8+2.6）m×2.6m+1.0m×1.0m	350mm	350mm	350mm
	（1.8+1.9+2.6）m×2.6m+1.0m×1.0m	350mm	350mm	350mm
	（1.8+3.3+2.6）m×3.0m+1.0m×1.0m	350mm	350mm	400mm
支架形式	镀锌钢支架			
覆土深度	覆土深度2.5m			
开挖形式	放坡开挖			
地基处理	灰土换填、灰土挤密桩			
降水形式	基坑明排水			
基坑围护方式	无基坑围护措施			
管线引出形式	套管引出排管，过路排管采用混凝土包封或钢套管			

2. 设备配置及安装工程（见表19-2）

表19-2　设备配置及安装工程

项目名称	内 容 说 明
仪表及自控工程	包括分配电中心、管廊内及控制中心设备，现场监控系统、检测仪表、安防系统、光纤电话系统、预警及报警系统、出入口控制系统、电子巡查管理系统、无线对讲系统、火灾报警系统、配套软件及电缆等安装工程
消防、排水工程	超细干粉自动灭火装置、手提式磷酸铵盐干粉灭火器、防毒面具、潜水排污泵及附属安装工程
暖通工程	排风机、送风机、电动防火阀及附属安装工程
电气工程	控制中心高压柜、计量屏、变压器、直流屏、模拟屏、不间断电源、应急照明及电缆等安装工程，综合管廊埋地式变压器、配电柜、应急照明及电缆等安装工程

3. 工程经济指标（见表19-3）

表19-3　工程经济指标

序号	项目名称	造价（万元）	长度指标（万元/km）	占总造价比例（%）
一	土建工程	30791.66	4282.57	84.00
1	主体结构	24785.81	3447.26	67.61
1.1	标准段	17872.67	2485.77	48.75
1.2	特殊段	6913.14	961.49	18.86
2	过路支廊	427.76	59.49	1.17
3	管廊支架	1503.50	209.11	4.10
4	地基处理	4074.59	566.70	11.11
二	安装工程	1982.25	275.70	5.41
1	排水消防工程	253.74	35.29	0.69
2	电气工程	1552.92	215.98	4.24
3	监控及仪表	171.88	23.91	0.47

续表 19-3

序号	项目名称	造价（万元）	长度指标（万元/km）	占总造价比例（%）
4	通风工程	3.72	0.52	0.01
三	设备工程	3884.81	540.31	10.60
1	排水消防工程	1433.53	199.38	3.91
2	电气工程	1242.18	172.76	3.39
3	监控及仪表	1145.86	159.37	3.13
4	通风工程	24.77	3.45	0.07
5	工器具购置	38.46	5.35	0.10
四	工程费用合计	36658.72	5098.57	100.00

4. 部分土建项目费用分析（见表19-4）

表 19-4　部分土建项目费用分析

序号	项目名称	造价（万元）	直接费比例（%）				
			人工费	材料费	机械费	管理费	利润
一	××路综合管廊	—	—	—	—	—	—
1	标准段	3038.46	17.14	66.35	13.77	1.71	1.03
2	接出口1	358.73	16.42	65.54	15.41	1.64	0.99
3	接出口2	341.76	16.02	65.85	15.56	1.60	0.97
4	通风口	131.35	16.66	62.38	18.29	1.67	1.00
5	吊装口	130.27	16.83	61.15	19.32	1.69	1.01
6	人员出入口	66.26	17.08	66.25	13.93	1.72	1.02
7	端部井	97.62	17.34	62.73	17.16	1.73	1.04
8	交叉口	313.72	17.21	68.10	11.94	1.72	1.03
9	地基处理	815.84	19.87	37.37	39.58	1.99	1.19
10	过路支廊	87.82	18.34	68.87	9.86	1.83	1.10
11	支线综合管廊	60.65	19.80	57.31	19.72	1.98	1.19
二	××路综合管廊	—	—	—	—	—	—
1	标准段	2000.27	17.61	64.24	15.33	1.76	1.06

续表 19-4

序号	项目名称	造价（万元）	直接费比例（%）				
			人工费	材料费	机械费	管理费	利润
2	接出口	325.30	16.20	63.71	17.50	1.62	0.97
3	通风口	78.22	17.62	52.60	26.96	1.76	1.06
4	吊装口	106.49	17.38	57.12	22.71	1.74	1.05
5	人员出入口	56.09	17.24	64.68	15.33	1.72	1.03
6	端部井	80.14	18.47	58.62	19.95	1.85	1.11
7	交叉口	272.64	17.34	67.38	12.50	1.72	1.06
8	地基处理	490.18	19.73	37.04	40.08	1.97	1.18
三	××路综合管廊	—	—	—	—	—	—
1	标准段	3112.21	16.85	67.92	12.53	1.69	1.01
2	接出口1	301.78	16.44	66.01	14.92	1.64	0.99
3	接出口2	279.86	16.32	65.49	15.58	1.63	0.98
4	通风口	129.11	16.61	61.65	19.08	1.66	1.00
5	吊装口	105.86	15.69	63.18	18.62	1.57	0.94
6	人员出入口	71.22	17.42	64.80	15.00	1.73	1.05
7	地基处理	778.43	19.84	37.27	39.72	1.98	1.19
8	过路支廊	76.84	18.34	68.87	9.86	1.83	1.10
四	××路综合管廊	—	—	—	—	—	—
1	标准段	9721.74	13.32	67.85	15.87	1.85	1.11
2	接出口	1317.22	16.04	64.63	16.76	1.61	0.97
3	通风口	246.87	17.13	54.03	26.10	1.71	1.03
4	吊装口	324.36	17.35	58.16	21.71	1.74	1.04
5	人员出入口	237.09	17.41	64.15	15.66	1.74	1.04
6	端部井	82.57	18.36	59.10	19.60	1.84	1.10
7	地基处理	1990.14	19.86	37.55	39.41	1.99	1.19
8	过路支廊	105.39	18.34	68.87	9.86	1.83	1.10
9	支线综合管廊	97.05	19.80	57.31	19.72	1.98	1.19

注：各项目造价包含措施费、规费、税金及其他项目。

5. 部分主要材料消耗量指标（见表19-5）

表19-5　部分主要材料消耗量指标

序号	项 目 名 称	单位	消耗量	百米消耗量	单价（元）
1	圆钢φ10以内	t	3674.96	51.11	2770.82
2	圆钢φ10以上	t	8743.03	121.60	2810.72
3	其他钢材	t	165.04	2.30	3299.61
4	预拌混凝土 C20	m³	13524.01	188.09	280.00
5	预拌混凝土 C40	m³	72050.45	1002.09	430.00
6	生石灰	t	38449.13	534.76	280.00
7	黏土	t	152537.42	2121.52	19.34
8	灰土 3:7	m³	122020.75	1697.09	60.79
9	水	t	76894.26	1069.46	3.43
10	混砂	m³	1843.29	25.64	90.00
11	橡胶止水带	m	1682.47	23.40	80.00
12	灭火器 手提式磷酸铵盐	个	1172.00	16.30	89.00
13	止回阀 DN50	只	96.00	1.34	840.00
14	手动闸阀 DN50	只	96.00	1.34	446.00
15	橡胶接头 DN50	只	96.00	1.34	180.00
16	照明灯具 LED 10W	套	1898.00	26.40	800.00
17	电力电缆WDZBYJY-1kV 各种型号	m	42850.00	595.97	100.00
18	控制电缆WDZBKYY 各种型号	m	16680.00	231.99	10.00
19	电线各种型号	m	4745.00	65.99	30.00
20	电缆桥架金属桥架	m	9490.00	131.99	500.00
21	电缆保护管各种型号	m	4745.00	65.99	50.00
22	可挠金属软管各类	m	4745.00	65.99	100.00
23	综合人工	工日	226777.89	3154.07	39.13

二十、广西壮族自治区××市

1．工程概况及项目特征（见表20-1）

表20-1　工程概况及项目特征

项目名称	内 容 说 明			
工程名称	广西壮族自治区××市××大道地下综合管廊工程			
建设地点	广西壮族自治区××市××区××路			
价格取定日期	2017年12月材料信息价			
管廊总长度	7641m			
标准断面布置形式	双舱			
建设地点类型	结合新建道路实施，部分原有道路破除后修复			
入廊管线	电力、通信、给水			
管廊类型	现浇钢筋混凝土综合管廊			
断面结构尺寸	净宽×净高	底板厚	外壁厚	顶板厚
	(3.0+1.8)m×3.6m	400mm	400mm	400mm
	(3.0+2.7)m×3.6m	400mm	400mm	400mm
	(3.0+2.7)m×4.1m	400mm	400mm	400mm
支架形式	镀锌钢支架			
覆土深度	覆土深度3.0m			
开挖形式	放坡开挖			
地基处理	灰土换填、灰土挤密桩			
降水形式	基坑明排水			
基坑围护方式	无基坑围护措施			
管线引出形式	套管引出排管，过路排管采用混凝土包封或钢套管			

2. 设备配置及安装工程（见表20-2）

表20-2　设备配置及安装工程

项目名称	内容说明
仪表及自控工程	包括分配电中心、管廊内及控制中心设备，现场监控系统、检测仪表、安防系统、光纤电话系统、预警及报警系统、出入口控制系统、电子巡查管理系统、无线对讲系统、火灾报警系统、配套软件及电缆等安装工程
消防、排水工程	超细干粉自动灭火装置、手提式磷酸铵盐干粉灭火器、防毒面具、潜水排污泵及附属安装工程
暖通工程	排风机、送风机、电动防火阀及附属安装工程
电气工程	控制中心高压柜、计量屏、变压器、直流屏、模拟屏、不间断电源、应急照明及电缆等安装工程，综合管廊埋地式变压器、配电柜、应急照明及电缆等安装工程

3. 工程经济指标（见表20-3）

表20-3　工程经济指标

序号	项目名称	造价（万元）	长度指标（万元/km）	占总造价比例（%）
一	土建工程	43656.39	5713.44	78.39
1	主体结构	22040.54	2884.51	39.58
1.1	标准段	11041.71	1445.06	19.83
1.2	特殊段	10998.82	1439.45	19.75
2	过铁路段	1179.64	154.38	2.12
3	其他零星土建	101.38	13.27	0.18
4	土方及边坡处理	16988.36	2223.32	30.51
5	引出段管道工程	3346.47	437.96	6.01
二	安装工程	7303.90	955.88	13.12
1	管廊支架	3458.84	452.67	6.21
2	排水消防工程	871.20	114.02	1.56

续表 20-3

序号	项目名称	造价（万元）	长度指标（万元/km）	占总造价比例（%）
3	电气工程	2682.64	351.09	4.82
4	监控及仪表	262.68	34.38	0.47
5	通风工程	28.54	3.74	0.05
三	设备工程	4728.99	618.90	8.49
1	排水消防工程	1675.30	219.25	3.01
2	电气工程	550.02	71.98	0.99
3	监控及仪表	2219.00	290.41	3.98
4	通风工程	237.86	31.13	0.43
5	工器具购置	46.82	6.13	0.08
四	工程费用合计	55689.28	7288.22	100.00

4. 部分土建项目费用分析（见表20-4）

表 20-4　部分土建项目费用分析

序号	项目名称	造价（万元）	直接费比例（%）			
			人工费	材料费	机械费	管理费及利润
1	双舱A断面 标准段	6509.97	11.00	82.20	1.73	5.07
2	双舱A断面 吊装口	864.86	10.65	82.97	1.53	4.85
3	双舱A断面 通风口	1679.25	8.36	86.55	1.27	3.82
4	双舱A断面 分支口	2305.72	10.02	83.88	1.52	4.58
5	双舱A断面 倒虹段	1014.36	10.65	82.64	1.78	4.93
6	双舱A断面 端部井	55.52	9.37	85.03	1.35	4.25
7	双舱A断面 分变电所	281.01	9.65	84.51	1.43	4.41
8	双舱A断面 人员出入口	148.11	11.36	80.50	2.50	5.64
9	双舱B断面 标准段	720.26	10.94	82.26	1.75	5.05
10	双舱B断面 吊装口	210.39	10.54	83.05	1.59	4.82

续表 20-4

序号	项目名称	造价（万元）	直接费比例（%）			
			人工费	材料费	机械费	管理费及利润
11	双舱B断面 通风口	556.36	8.21	86.71	1.30	3.78
12	双舱B断面 分支口	311.35	10.02	83.87	1.53	4.58
13	双舱B断面 端部井	80.14	9.38	85.05	1.32	4.25
14	双舱C断面 标准段	3811.48	10.91	82.31	1.75	5.03
15	双舱C断面 吊装口	436.09	10.56	83.03	1.59	4.82
16	双舱C断面 通风口	888.37	8.36	86.50	1.30	3.84
17	双舱C断面 分支口	896.95	10.07	83.81	1.52	4.60
18	双舱C断面 端部井	61.08	9.49	84.84	1.36	4.31
19	双舱C断面 分变电所	97.93	9.75	84.31	1.48	4.46
20	双舱C断面 人员出入口	79.73	11.30	80.71	2.41	5.58
21	交叉口（一）	144.25	10.43	82.99	1.76	4.82
22	交叉口倒虹（一）	198.56	10.77	82.50	1.77	4.96
23	交叉口（二）	160.53	10.35	83.19	1.68	4.78
24	交叉口倒虹（二）	227.67	10.70	82.55	1.79	4.96
25	交叉口（三）	131.44	10.43	83.02	1.73	4.82
26	交叉口倒虹（三）	169.15	10.96	82.25	1.74	5.05
27	过铁路段	25.58	11.07	82.11	1.72	5.10
28	过铁路段南侧	597.56	11.35	81.63	1.76	5.26
29	过铁路段北侧	556.51	11.55	81.33	1.77	5.35
30	××国道南延伸电力隧道	82.04	11.36	81.53	1.84	5.27
31	××至××南延伸电缆沟	19.33	12.15	80.62	1.67	5.56
32	土方及边坡处置工程	16988.36	6.56	64.12	24.44	4.88

注：各项目造价包含措施费、规费、税金及其他项目。

5. 部分主要材料消耗量指标（见表20-5）

表20-5　部分主要材料消耗量指标

序号	项目名称	单位	消耗量	百米消耗量	单价（元）
1	圆钢φ10以内	t	4769.26	62.42	4690.00
2	圆钢φ10以上	t	12783.70	167.30	5010.00
3	其他钢材	t	470.48	6.16	5300.00
4	预拌混凝土 C20	m³	37854.03	495.41	371.00
5	水下预拌混凝土 C30	m³	2977.64	38.97	424.00
6	预拌混凝土 C35	m³	103578.93	1355.57	423.00
7	水泥 32.5MPa	t	3060.45	40.05	375.00
8	黄砂（中粗）	t	1102.51	14.43	110.00
9	砂砾石（地基处理及回填）	m³	923010.24	12079.70	77.00
10	防水卷材	m²	34378.66	449.92	42.00
11	橡胶止水带（钢边）	m	12398.00	162.26	110.00
12	手动闸阀 DN80，PN1.0MPa	只	420.00	5.50	490.00
13	止回阀 DN80，PN1.0MPa	只	420.00	5.50	1380.00
14	镀锌钢管 DN80	m	8400.00	109.93	47.00
15	镀锌钢管 DN150	m	13000.00	170.13	103.00
16	电力电缆FZ-ZGA-YJV-1kV 5×25	m	12180.00	159.40	82.10
17	电力电缆ZGA-YJV-1kV 5×10	m	10380.00	135.85	35.05
18	电力电缆ZB-YJV-1kV 4×6	m	18720.00	244.99	17.30
19	电力电缆ZBNH-YJV-1kV 4×6	m	200.00	2.62	19.32
20	电力电缆ZBNHYJV-1kV 3×2.5	m	17940.00	234.79	7.04
21	电力电缆ZB-YJV-1kV 3×4	m	660.00	8.64	9.17
22	电力电缆ZBNHYJV-1kV 3×4	m	660.00	8.64	10.43
23	控制电缆ZB-KVV-450/750V 7×1.5	m	3360.00	43.97	7.64
24	控制电缆ZB-KVV-450/750V 4×1.5	m	37440.00	489.99	4.58
25	控制电缆ZBNH-KVV-450/750V 4×1.5	m	9360.00	122.50	5.50
26	综合人工	元	38562437.38	504677.89	—

二十一、湖北省××县

1. 工程概况及项目特征（见表21-1）

表21-1　工程概况及项目特征

项目名称	内容说明			
工程名称	××县高铁新区综合管廊××路地下综合管廊			
建设地点	湖北省××县××路			
价格取定日期	2017年12月材料信息价			
管廊总长度	2423m			
标准断面布置形式	单舱			
建设地点类型	结合新建道路实施			
入廊管线	电力、通信、给水、中水			
管廊类型	现浇钢筋混凝土综合管廊			
断面结构尺寸	净宽×净高	底板厚	外壁厚	顶板厚
	3.0m×3.0m	350mm	350mm	350mm
支架形式	镀锌钢支架			
覆土深度	覆土深度2.8m			
开挖形式	放坡开挖，部分较深基坑支护下开挖			
地基处理	地基承载力满足要求，无需处理			
降水形式	基坑明排水			
基坑围护方式	喷锚支护、SMW工法支护			
管线引出形式	套管引出排管，过路排管采用混凝土包封或钢套管			

2. 设备配置及安装工程（见表 21-2）

表 21-2　设备配置及安装工程

项目名称	内 容 说 明
仪表及自控工程	包括监控与安防系统、火灾报警系统、电话系统、配套软件及电缆等安装工程
消防、排水工程	超细干粉自动灭火装置、手提式磷酸铵盐干粉灭火器、防毒面具、潜水排污泵及附属安装工程
暖通工程	排风机、送风机、电动防火阀及附属安装工程
电气工程	本工程不含控制中心设备，主要包括综合管廊埋地式变压器、配电柜、低压控制箱、应急照明及电缆等安装工程

3. 工程经济指标（见表 21-3）

表 21-3　工程经济指标

序号	项目名称	造价（万元）	长度指标（万元/km）	占总造价比例（%）
一	土建工程	8330.41	3438.06	84.21
1	主体结构	4857.12	2004.59	49.10
1.1	标准段	2615.01	1079.24	26.43
1.2	特殊段	2242.11	925.35	22.66
2	土方工程	1114.31	459.89	11.26
3	基坑支护	1538.18	634.82	15.55
4	排管引出段	349.54	144.26	3.53
5	管廊支架	290.76	120.00	2.94
6	施工便道	180.50	74.49	1.82
二	安装工程	905.30	373.63	9.15
1	排水消防工程	31.83	13.14	0.32
2	电气工程	831.55	343.19	8.41
3	监控及仪表	39.27	16.21	0.40

续表 21-3

序号	项目名称	造价（万元）	长度指标（万元/km）	占总造价比例（%）
4	通风工程	2.64	1.09	0.03
三	设备工程	656.74	271.04	6.64
1	排水消防工程	265.25	109.47	2.68
2	电气工程	35.70	14.73	0.36
3	监控及仪表	327.25	135.06	3.31
4	通风工程	22.04	9.09	0.22
5	工器具购置	6.50	2.68	0.07
四	工程费用合计	9892.44	4082.72	100.00

4. 部分土建项目费用分析（见表21-4）

表 21-4　部分土建项目费用分析

序号	项目名称	造价（万元）	直接费比例（%）				
			人工费	材料费	机械费	管理费	利润
1	标准段	2615.01	24.07	60.10	2.16	6.59	7.08
2	吊装口	314.36	14.10	74.01	1.42	5.13	5.34
3	通风口	574.94	11.65	76.75	1.18	5.09	5.33
4	端井	68.51	13.29	75.11	1.29	5.05	5.26
5	分变电所	109.82	14.00	74.11	1.37	5.14	5.38
6	交叉口（一）	169.16	15.82	72.16	1.61	5.05	5.36
7	交叉口（二）	187.47	16.50	71.60	1.64	4.97	5.29
8	分支口	630.36	14.98	73.26	1.46	5.00	5.30
9	倒虹段（一）	43.28	15.91	72.24	1.60	4.94	5.31
10	倒虹段（二）	83.30	16.31	71.80	1.63	4.96	5.30
11	控制中心连接段	60.91	16.23	71.88	1.70	4.92	5.27
12	土方工程	1114.31	28.44	3.81	54.17	8.05	5.53
13	基坑支护	1538.18	18.52	50.21	20.76	5.12	5.39

注：各项目造价包含措施费、规费、税金及其他项目。

5. 部分主要材料消耗量指标（见表21-5）

表21-5 部分主要材料消耗量指标

序号	项 目 名 称	单位	消耗量	百米消耗量	单价（元）
1	圆钢φ10以内	t	1071.45	44.22	4213.00
2	圆钢φ10以上	t	2087.33	86.15	4131.30
3	其他钢材	t	58.07	2.40	4236.78
4	预拌混凝土C20	m³	2423.22	100.01	377.97
5	预拌混凝土C35	m³	20556.18	848.38	413.13
6	水泥32.5MPa	t	4302.01	177.55	492.00
7	黄砂（中粗）	t	3090.37	127.54	114.13
8	碎石	t	4259.92	175.81	105.35
9	橡胶止水带（带钢边）	m	2388.07	98.56	131.85
10	自粘聚合物改性沥青防水卷材	m²	52128.59	2151.41	41.72
11	手动闸阀DN80，PN1.0MPa	只	48.00	1.98	405.00
12	止回阀DN80，PN1.0MPa	只	48.00	1.98	922.00
13	热镀锌钢管DN80	m	138.00	5.70	66.00
14	热镀锌钢管DN100	m	275.00	11.35	97.00
15	预分支电缆-干线FZ-ZB-YJV-1kV-3×185+2×95	m	1000.00	41.27	466.00
16	预分支电缆-干线FZ-ZB-YJV-1kV-3×150+2×70	m	1000.00	41.27	370.00
17	预分支电缆-干线FZ-ZB-YJV-1kV-3×95+2×50	m	600.00	24.76	245.00
18	预分支电缆-干线FZ-ZB-YJV-1kV-3×70+2×35	m	600.00	24.76	175.00
19	预分支电缆-干线FZ-ZB-YJV-1kV-3×50+2×25	m	1500.00	61.91	125.00
20	预分支电缆-干线FZ-BTRWY-1kV-3×50+2×25	m	6000.00	247.63	353.60

续表 21-5

序号	项 目 名 称	单位	消耗量	百米消耗量	单价（元）
21	预分支电缆-分支FZ-ZB-YJV-1kV-3×35+2×16	m	500.00	20.64	87.00
22	预分支电缆-分支FZ-BTRWY-1kV-3×50+2×25	m	500.00	20.64	353.60
23	电力电缆ZB-YJV-1kV 5×10	m	6000.00	247.63	33.00
24	电力电缆ZB-YJV-1kV 5×4	m	50.00	2.06	14.00
25	电力电缆ZB-YJV-1kV 4×4	m	6000.00	247.63	11.00
26	电力电缆ZB-YJV-1kV 3×4	m	6200.00	255.88	8.00
27	电力电缆ZBN-YJV-1kV 3×4	m	500.00	20.64	8.00
28	电力电缆ZBN-YJV-1kV 4×4	m	6000.00	247.63	11.00
29	普工	工日	90171.43	3721.48	56.00
30	技工	工日	77373.13	3193.28	86.00